미생물의 참모습
마이크로바이옴에서 크리스퍼까지

우리시대
질문총서
10

미
생
물
의
참
모
습

마이크로바이옴에서 크리스퍼까지

LA NOUVELLE MICROBIOLOGIE
Des microbiotes aux CRISPR

파스칼 코사르 저
장철훈, 박형섭 역

부산대학교출판문화원

LA NOUVELLE MICROBIOLOGIE. Des microbiotes aux CRISPR

by Pascale COSSART

Copyright© ODILE JACOB, 2016

Korean Translation Copyright © 2022 by Pusan National University Press
 Korean edition is published by arrangement with EDITIONS ODILE
JACOB through JS CONTENTS

이 책의 한국어판 저작권은 JS 컨텐츠를 통한
저작권자와의 독점 계약으로 부산대학교 출판문화원에 있습니다.

차 례

발간사

우리는 지금까지와는 다른 '격변'의 시대를 살고 있다. '변화'
는 시간의 흐름에 따르는 자연스러운 결과지만, 이 시대의 '변화'
는 과거와는 전혀 다른 양상을 보이고 있다. 과거의 변화가 기
존의 패러다임 내에서 일어나는 크고 작은 변화들이었다면, 지
금의 변화는 가히 '패러다임의 전환'이라고 일컬을 만하다. 기
존의 패러다임은 인간 중심적 인식의 틀 속에서 과학기술 문명
의 발전과 자본주의적 체제의 구축, 명확히 경계 지어진 세계 속
에서 전문성을 강조한다는 점에서, 어쩌면 여전히 근대성의 틀
을 벗어나지 못했다고 할 수 있다.

   지금 이런 패러다임으로 우리 시대를 판단하고 예견하는 데
는 한계가 있다. 우리 시대는 지나간 시대로부터의 위기와 예측
할 수 없는 미래에 대한 불안감, 그리고 도래할 시대에 대한 희
망이 공존한다는 데 그 독특함이 있다. 새로운 패러다임은 기존
의 패러다임에서 잉태된 위기로부터의 출구를 모색하는 과정
이자 다가올 시대의 새로운 지향과도 관련되어 있다. 그래서 우
리 앞의 복잡다기한 상황에 맞서, <우리시대 질문총서>는 '환
경 변화와 인류의 미래', '신자유주의의 팽창과 연대', '휴머니즘
에 대한 재성찰과 대안적 삶', '첨단기술혁명과 융복합', '글로벌/
로컬의 관계 속에서 인간 삶의 변화'라는 주제를 통해 지금 이 시
대를 성찰하고자 한다.

인간이 세계를 지배하는 시대, 인간이 환경의 전반적 흐름에 영향을 행사하는 이른바 인류세의 시대는 역설적이게도 인간의 무력함과 한계를 절감하게 한다. 인간이 누린 풍요의 대가가 되어버린 기후 변화와 생태계 변화는 우리 시대 초미의 관심사이지만 이런 변화는 사람들을 삶의 '지속 가능함'을 확신하기 어려운 상황으로 내몰고 있다. 그럼에도 불구하고 이런 불확실한 상황은 그동안 우리의 삶 자체를 성찰하는 한편 진정한 대안들을 새롭게 모색할 것을 촉구하고 있다.

4차 산업혁명으로 인한 자본주의의 급변과 인간과 기술의 포스트휴먼적 융합 시대의 도래는 인간의 존재적 위기와 함께 전통적인 인간상의 유효성에 의문을 제기하고 있다. 기계는 인간에게 어떤 영향을 끼칠 것인가, 인간은 기계의 문제에서 주도적일 수 있는가, 혹은 이런 변화는 인간과 기계의 대립을 넘어 새로운 가능성을 제시해줄 수 있는가. 최근 포스트휴먼의 가능성은 이런 질문들과 연결되어 있다. 포스트휴먼 시대에 인간의 자리를 묻고 기술의 변화가 인간과 사회에 어떤 변화를 줄지 성찰하는 노력들이 필요하다.

한편 우리 시대는 근대 국민국가의 경계를 뛰어넘는 문화적 현상을 수없이 목격하고 있다. 국민과 난민의 경계가 모호해지면서 수많은 이질적인 문화들이 접촉하고 갈등하고 섞이는 혼종의 시대, 바로 이 시대에 우리는 민족문화의 중심성을 넘어서 글로벌과 로컬이 보다 긴밀해지는 문화적 관계 속으로 편입되고 있다. 그 결과 그동안 민족문화의 틀과 프리즘 밖에 존재하던 문화들이 새로운 관심사로 부각되고 있으며, 근대, 자본, 민족의 구조를 넘어서는 대안적 사고들이 곳곳에서 출현하고 있다. 전지구화와 함께 등장한 전지구적 자본과 문화의 압도적 힘 앞에서 무기

력해진 개인, 신자유주의의 팽창으로 인한 경쟁의 격화와 인간 소외는 '관계 맺는 존재로서의 인간'의 가능성에 대해 되묻고 다양한 방식의 '소통과 연대'를 제안하고 있다.

이러한 변화들은 우리의 기존 사고로 담아낼 수 없는 우리 시대의 현상들이다. 이런 현상들 앞에서 우리는 '왜?', '어떻게?'라는 질문을 던지고, 그 답을 찾아가는 비판적 사유의 여정을 시작하고자 한다. 이러한 비판적 사유의 여정은 분과학문으로 나누어져 전문성만을 강조해온 기존의 학문구조의 틀을 벗어나, 각 학문의 내적 융합뿐만 아니라 인문학, 사회과학, 자연과학 같은 학문 간의 융합을 전제로 한다.

<우리시대 질문총서>는 우리 앞에 놓인 이러한 현상들에 대한 성찰을 제공하고 대안을 모색하는 데에 그 취지가 있다. 이 총서는 우리 세계의 변화를 미시적이고 거시적으로 살펴볼 수 있는 학문적 시각을 제공하는 한편, 도래할 세계(the world to come)와 지나간 미래(future past)의 쌍방향적 대화와 성찰을 통해 우리 시대를 비판적으로 반성하고 예견하는 우리 시대의 문제적 활동들을 기획, 소개하고자 한다. <우리시대 질문총서>를 통한 사유와 성찰이 우리시대의 성숙한 집단 지성을 형성하는 마중물이 되었으면 한다.

그리고 <우리시대 질문총서>의 출판을 위해 도움을 주신 많은 분들께 감사드린다.

우리시대 질문총서 제작위원회

저자 서문

"미생물"이라는 말은 많은 사람에게 질병, 감염 또는 오염이라는 부정적 이미지를 불러일으킨다. 우리는 감염병이 크게 유행할 때가 아니면 "미생물들은 어디에 있는지" 그 존재에 대해서잘 묻지 않는다. 단지 그 미생물의 존재가 우리 몸의 균형 상태, 즉 "건강"이라는 웰빙의 상태를 때아니게 손상시킬 때만 관심을가질 뿐이다.

그러나 미생물은 대개의 경우 우리의 적이 아닐 뿐만 아니라, 우리가 그렇게 무심하게 지나쳐도 좋을 만큼 사소한 존재도 아니다. 그들이 없이는 우리가 생존할 수 없을 정도로 미생물은 우리에게 중요한 존재이다. 인간의 건강은 수많은 유익한 미생물의존재에 달려 있다. 미생물은 우리의 피부와 장관, 구강, 코와 같이 우리 몸의 여러 곳에 살고 있다. 또 치즈, 요구르트 및 기타 음식을 만드는 데, 그리고 수처리나 환경 정화와 같은 과정에 다양하게 개입한다. 더 나아가서는 우리 환경의 안정성과 지구 동·식물의 생물다양성을 유지하는 데에도 핵심적인 역할을 한다.

19세기 말 루이 파스퇴르와 로베르트 코흐의 연구로 우리는미생물이 자연적으로 생기는 것이 아니라 미생물에서 태어나고자율적으로 살아가는 작은 생명체라는 것을 알게 되었다. 박테리아라는 명칭은 처음 관찰된 세균이 막대 모양을 하고 있었기 때문에 붙여진 이름으로, 막대를 뜻하는 그리스어 baktēria에서 유래했다. 세균은 광학현미경으로 관찰할 수 있을 만큼 크고, 수천 개의 같은 딸세포를 만들어서 번식하는 단세포 생명체이다.

파스퇴르와 코흐는 흑사병, 콜레라, 결핵과 같이 수천 년 동안 인류를 괴롭혀 온 수많은 질병의 원인이 세균이라는 사실을 알아냈다. 그때부터 세균 감염을 진단하고 치료하는 방법과 백신을 개발하기 위한 길이 열렸다. 사실 백 년도 훨씬 전에 개발된 세균 검사법들 가운데 오늘날까지 사용되고 있는 것도 많다. 파스퇴르와 코흐는 병을 일으키는 세균인 병원성 세균뿐만 아니라 비병원성 세균들에 대해서도 연구하여 그 세균들의 일반적인 특징을 밝혔다. 파스퇴르나 코흐의 발견은 당시의 의료계와 생물학계에 엄청난 관심을 불러일으켰고, 이것은 곧 미생물학과 세균학이 태동하는 계기가 되었다.

이 시기의 발전에 이어 20세기 내내 미생물학은 비약적으로 발전했다. 우선 파스퇴르와 코흐가 세균 연구의 장을 열었을 당시에는 모든 종류의 박테리아들을 명명하고 그룹으로 묶어 분류하는 데 초점을 맞추느라 미생물학의 발전이 다소 더디게 진행되었다. 이어서 1950년대 초, 모든 살아있는 생명체의 유전 물질인 DNA가 발견되면서 빠르게 발전하기 시작하여 노벨상 수상자인 자크 모노가 말했듯이 박테리아에서 코끼리에 이르기까지 모든 생명체에 적용되는 새로운 개념이 생겨났다. DNA의 복제와 전사, 그리고 단백질 번역과 합성이 그것이다. 이후 유전자와 생물체를 조작하는 기술인 분자생물학과 유전공학이 출현했다.

유전자의 구조를 결정하고 DNA의 염기서열을 분석하는 기술이 발전하면서 몇몇 세균의 게놈을 완전히 밝히는 수준까지 이르렀고, 이 기법이 더욱 발전하여 20세기 말의 세균 연구는 뛰어난 성과를 보여주기 시작했다. 염기서열 분석이 시각화 기술과 같은 세포생물학적 도구와 함께 활용되면서 미생물이 감염을 일으키는 다양한 메커니즘에 대한 연구로 발전하게 된 것이다. 다시 말해서 미생물이 숙주와 다양한 방법으로 서로 영향을 주고받는다는 것, 그리고 미생물이 숙주의 필수 기능과 기본 생존 방식을 활용해 감염을 일으킨다는 것을 이해하게 된 것이다.

전염병에 대한 새로운 이해와 더불어 세균의 행동에 대한 연구가 진행된 결과, 모든 세균들이 예외 없이 진정으로 사회적인 삶을 영위한다, 즉 집단생활을 한다는 사실을 알게 되었다. 세균은 존재하는 모든 종류의 표면에 집단적으로 모여서 생활하는 "생물막"을 형성한다. 이질적인 세균들이 모인 이 안정적인 집단에서 세균들은 다른 세균들과 조화롭게 살아간다. 이러한 집단이 크기가 커지고 기생충이나 바이러스를 포함한 다른 미생물들과 같이 군집을 이루면 우리는 그 군집에 포함된 유전체의 총합을 미생물군유전체라고 부른다. 장관에 있는 미생물 전체를 한때는 "장내 상재균"이라고 했지만, 지금은 장내 미생물군유전체 또는 마이크로바이옴이라고 부른다. 우리 몸에는 장내 미생물군유전체가 아니고도 여러 군집이 있다. 신체의 여러 부분에 있는 미생물군유전체는 각기 그들만의 특성이 있다. 미생물군유전체는 변화하면서 진화하고, 숙주의 특정 식습관, 유전, 기저 질환, 심지어는 개인의 생활양식에 따라서도 각각 독특한 구성을 갖는다.

세균은 자연계에서 독립적으로 살아가는 것이 아니다. 인간은 물론이고 곤충을 포함하는 동물과 식물 등 모든 생명체와 공생관계를 이루고 있다. 이 동거는 때때로 곤충에서 불임을 유발하기도 하고, 곤충의 수컷을 소멸시키는 결과를 낳기도 한다. 반대로 식물 뿌리에 있는 세균은 땅속에서 식물이 성장하는 데 필요한 질소를 취할 수 있도록 이롭게 작용한다.

세균들의 사회생활은 매우 정교하다. 그들은 집단으로 생활할 수 있고, 그런 생활을 위해 화학적인 언어를 사용하면서 의사소통을 할 수 있다. 그래서 서로 간에 같은 종인지 혹은 같은 과에 속하는 유사한 세균인지를 인식하고 구별한다. 세균은 각자의 언어를 사용하여 공동의 적에 맞서 협력하기도 한다. 예를 들어, 어떤 병원성 세균은 싸움에서 승리할 수 있을 만큼 자신들의 수가 충분하지 않으면 공격 작전을 개시하지 않는다. 또 어떤 발광세균은 빛을 내는 시간을 조절하여 세균 수가 일정 수준에 도달할 때만 불이 켜진다.

세균은 자기가 처한 다양한 상황에 적응하고 특별한 기능을 발휘할 시기를 결정하기 위해 매우 정교한 조절체계를 사용한다. 세균의 성장 과정의 여러 단계에서 단백질이나 비타민, 금속과 같은 분자들이 작용한다. RNA는 유전자 발현을 조절하는 분자로, 최근 이에 대한 연구가 상당히 많이 진전되었다. 프랑수아 자콥과 자크 모노는 RNA가 유전자 발현을 조절할 수 있다는 가설을 내세웠지만, 그들도 RNA가 그렇게 다양한 방식으로 유전자 발현을 조절한다고는 상상하지 못했을 것이다. 지난 세기 말까지 RNA(여기서 말하는 RNA는 mRNA)는 DNA와 단백질 합성 사이의 매개체로만 생각했지만, 최근 밝혀진 바에 따르면 세균의 RNA는 아주 다양하고 때로는 놀라운 역할을 하기도 한다. 생물학에서 최근에 이루어진 가장 중요한 진전 중 하나는 크리스퍼의 발견이다. 크리스퍼는 세균이 박테리오파지(혹은 간단히 파지)라고 하는 바이러스의 감염으로부터 자신을 보호하기 위해 사용하는 세균의 방어 도구이다. 크리스퍼는 일정한 간격을 둔 회문서열이 연달아서 반복되어 나열된 집합체로, 세균의 RNA 의존성 방어 도구이다. 세균은 크리스퍼로 파지의 공격을 기억하여 다음에 동일한 파지가 침입했을 때 일종의 면역반응으로 그 박테리오파지를 방어할 수 있다.

이러한 세균의 방어체계는 매우 정교하게 작동하고 적용 범위도 넓어서, 모든 생물체의 게놈을 조작할 수 있는 혁명적인 기술인 CRISPR/Cas9 기법의 기초가 되었다. 이 방법을 이용하면 빠르고 쉽게 게놈을 편집할 수 있기 때문에, 이를 이용해서 유전자의 기능을 알아내는 연구도 아주 많이 진행되고 있다. 크리스퍼를 이용해서 돌연변이를 교정하면 결함이 있는 유전자를 새로운 유전자로 대체할 수 있다. 유전자를 직접 치료할 수 있는 길이 열린 것이다. CRISPR/Cas9 기법의 가치를 밝히는 데 크게 기여한 과학자들은 2014년 미국 생명과학분야 혁신상을 포함해 수많은 국제적인 그랑프리를 수상해서 명예와 보상을 받았다.[1]

세균은 바이러스뿐만 아니라 때로는 다른 세균으로부터도 자신을 방어한다. 공격자들은 매우 난폭하고 강력하다. 그런 공격에 대응해서 세균들은 스스로를 방어하기 위한 면역단백질을 가지고 있고 이를 통해 독소들을 만들어낸다. 이처럼 미시의 세계에서 세균들은 생존을 위한 투쟁을 지속하고 있다. 우리는 이러한 독소를 병원성 세균을 통제하기 위해 거시적인 규모로 사용할 수 있을까? 이에 대한 답은 "그렇다"이다. 세균에 대항하는

---

[1] [역주] 이 공로로 제니퍼 다우드나와 에마뉘엘 샤르팡티에가 2020년 노벨 화학상을 받았다.

독소들은 앞으로 인간이 감염병을 치료하는 데 내성으로 무력해진 항생제를 대체할 수 있는 도구로 사용될 게 틀림없다.

사실 항생제는 수십 년 동안 세균 감염증을 치료하는 데 사용되어 왔고, 지금도 사용되고 있다. 그에 따라 세균은 항생제에 적응하게 되어 다제내성 결핵처럼 비극적 결과를 초래할 정도의 내성을 지니게 되었다. 그래서 어떤 감염증에서는 치료의 방법이 없는, "항생제 이전" 시대로 되돌아가는 결과를 낳게 되었다. 그런 경고음이 들리면서 이 문제는 세계적인 관심사가 되고 있다. 그러나 희망이 없지는 않다. 최근의 지식을 바탕으로 병원균과 싸우는 새로운 방법이 등장하면서 보다 효과적인 치료법의 등장을 기대할 수 있게 된 것이다. 예를 들면, 세균 게놈에 대한 지식을 사용하여 사람에게는 없고 세균에만 존재하는 대사 경로를 억제하는 방법을 찾을 수 있을 것이다. 그래도 역시 항생제 이전 시대로 되돌아가게 된다면 그건 진정한 파국이 될 것이다. 거기에서 교훈을 얻어야 한다. 세균들은 놀라울 정도로 상황을 반전시키는 방법을 알고 있다. 따라서 우리가 새로운 치료법을 도입하거나 이전에 의무적이었던 특정 예방접종을 중단하고자 할 때 매우 신중해야 한다. 예를 들어, 프랑스에서 결핵에 대한 BCG 예방접종을 제한하는 정책은 합리적인가? 이 문제는 깊이 성찰할 필요가 있다. 특히 오늘날의 세계는 예방 접종률이 낮은 국가를 오가는 여행도 쉬워져서 전염병의 위험이 증가하고 있기 때문이다.

이 책의 목표는 지난 수십 년 동안 미생물학 분야에서 진전된 중요한 발견과 새로운 개념을 설명하는 데 있다. 이러한 미생물학의 혁신적인 발전은 다양한 분야에서 놀라운 결과를 가져왔다.

미생물에 대한 새로운 이해를 바탕으로 우리의 식습관이나 일상생활뿐만 아니라 세균, 식물, 동물, 심지어 곤충 등 모든 생명체를 바라보는 우리의 시각이 극적으로 바뀔 것이다. 우리가 병원체와 싸우는 전략을 새롭게 짜는 데도 도움이 될 것이다. 예를 들어 호주에서는 질병을 일으키는 모기를 제거하기 위해 볼바키아라는 세균에 감염된 불임 상태의 수컷 모기를 환경에 퍼뜨리려는 계획을 시행하고 있다.

이 책은 필자의 전문 분야인 세균학의 발전에 대한 내용이 대부분을 차지한다. 바이러스, 기생충, 진균 역시 최신 기술의 혜택을 입었기 때문에 부분적으로 언급될 것이다. 하지만 세균학 분야가 기술의 진보에 따라서 새로운 개념들의 탄생과 함께 가장 큰 발전이 이루어진 분야인 것은 부인할 수 없는 사실이다.

사람들은 21세기가 생물학의 시대가 될 것이라고 말한다. 그 점은 의심할 바 없이 옳다. 그 최전선에 미생물학이 있다. 2012년 프랑스 과학아카데미는 영국 왕립학회와 독일 레오폴디나한림원과 함께 성공적으로 "새로운 미생물학(La Nouvelle Microbiologie)"이라는 제목의 토론회를 개최했다. 이 책에 같은 제목을 사용했다.

감사의 말씀

이 원고를 주의 깊게 읽어준 동료 올리비에 뒤쉬르제, 나탈리 로이용, 카를라 살레, 디디에 마젤에게 진심으로 감사드립니다. 모든 그림을 완벽하게 디자인해준 쥐앙 크르다에게 감사드리며, 카울로박터와 고초균 이미지를 표지 사진으로 제공해준 우르스 예날과 자비에 로페즈 가리도에게도 감사드립니다. 이어서 카롤린 디앙, 장-피에르 카요도, 브뤼노 르메트르의 도움에 감사드리며, 아울러 니콜라 비트코브스키의 인내와 아낌없는 조언에도 감사드립니다. 끝으로 이 책 『미생물의 참모습 - 마이크로바이옴에서 크리스퍼까지』의 내용에 대해 토론하는 즐거움과 열정을 보여준 오딜 자콥에게 감사드립니다.

제1부

미생물 바로 알기

제
1
장

세균: 아군인가, 적군인가?

세균은 살아 있는 단세포 생명체이다. 이 세상의 모든 생명체들은 세균, 고균, 진핵생물의 세 영역으로 나눌 수 있다(그림 1). 세균은 이 세 영역 중 하나를 차지하는 중요한 생명체이다. 모든 생명체가 공통의 조상에서 분화되었다는 이 분류법은 1977년 칼우즈가 제안했다. 진핵생물은 세포 안에 핵이 있다는 점에서 세균과 고균, 즉 원핵생물과 차이가 있다. 핵을 가진 세포로 구성된 진핵생물에는 동물, 식물, 진균, 원생생물이 있다. 세균과 고균은 세포 안에서 DNA가 저장되는 막 안에 둘러싸인 별도의 공간, 즉 핵이 없다. 그렇다고 해서 세균을 DNA를 포함한 여러 내용물이 무질서하게 흩어져 있는 주머니 같은 것으로 생각해서는 안 된다. 세균의 내부는 아주 잘 "조직화"되어 있다.

고균*은 세균과 마찬가지로 단세포생물이지만, 세균과 다른 특징을 많이 가지고 있고, 오히려 진핵생물과 닮은 점이 많다. 고균은 세균에는 없는 지질을 가지고 있다. 그리고 진핵생물에서 보이

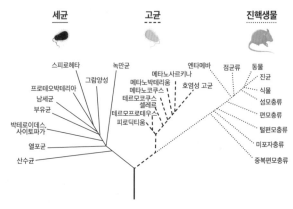

세균　　　　　　고균　　　　　　　진핵생물

스피로헤타　　녹만균　　　　　　엔타메바　　점균류　　동물
　　　　　　그람양성　　　메타노사르키나　　　　　　　진균
프로테오박테리아　　메타노박테리움　　　　　　　　식물
남세균　　　　　메타노코쿠스　호염성 고균　　섬모충류
부유균　　　테르모코쿠스　　　　　　　　　편모충류
　　　　　셀레륵
박테로이데스.　테르모프로테우스　　　　　　털편모충류
사이토파가　　　피로딕티움
열포균　　　　　　　　　　　　　　미포자충류
산수균　　　　　　　　　　　　　중복편모충류

그림 1. 생명체의 세 영역. 세균, 고균, 진핵생물은 모두 공통의 조상에서 나왔다.

는 것과 유사한 화합물 복합체를 갖고 있고, 특히 유전자 발현을 조절하는 복잡한 체계를 갖고 있다. 우리가 처음 고균을 발견했을 때는 고균이 아주 뜨거운 온천과 같은 극한 환경에만 존재한다고 생각했지만, 사실 고균은 우리의 장관을 포함해 모든 곳에서 발견된다.

　세균은 매우 다양하다. 실제로 생명체의 세 영역 중에서 가장 다양한 영역을 이루고 있다. 세균은 수십억 년 동안 지구에 있었으며, 여러 혹독한 조건들 속에서 생존하도록 진화해 왔다. 세균은 2,000개가 넘는 속과 11,500개 이상의 종이 있다. 이 숫자는 지금까지 유전자 간 비교, 특히 16S rRNA 유전자 비교에 기반을 두고 있으며 계속 늘어나고 있다. 사실 16S rRNA는 같은 종끼리 염기서열이 아주 잘 보존되어 있어서 서열이 비슷한 정도를 비교하여 종을 분류하는 데 사용되어 왔다. 그런데 분석법의 발전에 따라 종의 분류 방법이 바뀌고 있다. 더구나 지금은 전장 유전체 서열을 비교할 수 있어서 "종"의 개념 자체가 바뀌고 있다.

　세균은 여러 가지 모양을 띤다(그림 2). 세균을 모양에 따라 분류하면 네 가지의 주요 범주, 즉 둥근 모양의 알균(구균), 길쭉한 모양의 막대균(간균), 쉼표 모양으로 한쪽은 굵고 다른 쪽은 가느다란 모양의 세균, 그리고 나선 형태로 꼬인 모양의 세균이 있다. 모든 세균은 모양에 관계없이 이분법으로 분열한다. 하나의 세균이 무성생식으로 둘로 나뉘는 것이다. 그렇지만 때로 두 세균 사이에 유전 물질이 수평 전달 방식으로 교환되기도 한다. 유전자의 수평 전달에 대해서는 뒤에서 다시 설명할 것이다.

세균은 어디에나 있다. 온천과 바닷물, 심지어는 염도가 아주 높은 환경을 포함한 지구상의 모든 곳에서 발견된다. 사람의 몸에도 수많은 세균이 있다. 피부에는 10^{10}개, 구강에는 10^{10}개, 장관에는 10^{14}개의 세균이 있을 것으로 추정된다. 이 수치는 우리 몸의 세포보다 10배가 많은 것이다. 최근에 발표된 한 논문은 이 숫자가 실제보다 10배 이상 과대평가되었다고 주장한다. 하지만 정확

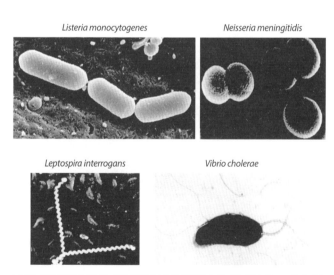

그림 2. 세균의 네 가지 모양. 왼쪽 위에서부터 시계방향으로 막대균, 알균, 쉼표 모양의 세균, 나선균.

한 숫자가 얼마이든 간에 우리의 장관에는 수천 종의 세균이 수백억 개나 들어있다는 말이다. 때때로 나는 세균이 우리 삶의 동반자이며, 언제 어디서나 나와 함께하는 친구와 같은 존재라는 생각이 든다.

세균은 30억 년 전 처음 지구상에 나타났다. 동물의 출현보다 20억 년 빠르다. 세균은 처음 등장한 이후 생물권에서 사라지는 일이 없이 계속 살아왔다. 핵을 가진 최초의 생명체가 어떻게 태어났는지 확실하지 않지만, 아마도 세균과 고균의 융합에서 유래했을 것이다. 실제로 이 두 영역의 생명체, 즉 세균과 고균의 유전자는 동물에도 존재한다. 오늘날의 모든 진핵생물의 조상은 세균을 "삼켜야만" 했을 것이며, 이는 우리의 모든 세포에 미토콘드리아라고 불리는 에너지 생성 발전소를 두는 안정된 공생관계로 이어졌을 것이다. 이 작은 소기관은 세균과 어느 정도 닮은 점이 있다. 그리고 수많은 화합물, 특히 세포의 여러 화학 반응에 사용할 에너지를 저장하는 화합물인 ATP의 형성에 없어서는 안될 필수 기관이다. 최초의 동물은 초식성, 육식성 혹은 잡식성이 되기 전에 세균을 먹는 균식성 동물로부터 시작되었다고 말할 수가 있겠다.

많은 세균들이 자연 속에서 자유롭게 생활한다. 그들은 자연에 살면서 성장하고 번식하고, 또 그렇게 함으로써 자기들이 서식하는 생태계의 평형을 이루고 그 생태계의 특성을 만들어낸다. 스트렙토마이세스가 비가 내린 후 숲속에서 상쾌한 냄새가 나게 하는 생태계 속 세균의 특징을 보여주는 예라 할 수 있다.

어떤 세균들은 홀로 생활하지 않고 공동체를 이루어 생활한다. 그들은 인간, 동물, 식물 안에서 서로에게 이익이 되는 "공생관계"를 구축하고 있다. 또 곧 알게 되겠지만, 여러 종의 세균이 미생물군유전체*라고 하는 매우 큰 공동체를 형성하기도 한다. 이 미생물군유전체는 생명체의 생존에 필수적인 부분이다. 이러한 생명체와 미생물군유전체의 조합을 초생명체라고 한다.

우리는 어쩌면 세균이나 미생물이라는 말을 들으면 자연스럽게 우리에게 병을 일으키는 것이다라는 생각을 하게 되겠지만, 꼭 그렇지는 않다. 실제로 지구상의 모든 세균 중에서 병원성 세균, 즉 질병을 일으키는 세균은 소수에 불과하다. 병원성 세균 중에서 어떤 세균은 아주 강력한 독소를 생성하여 병을 일으킨다. 예를 들어, 콜레라균은 치명적인 설사와 탈수를 유발하는 독소를 생성하여 콜레라를 일으킨다. 또 필수 예방 접종으로 선진국에서는 거의 사라진 질병인 디프테리아를 일으키는 세균도 있고, 파상풍을 일으키는 독소를 만드는 파상풍균과 보툴리눔 독소를 생성하는 세균도 있다.

그러나 질병이 오로지 하나의 독소로 발생하는 경우는 극히 드물다. 일반적으로 세균은 독성 메커니즘이라고 하는 전략과 독성인자라고 하는 도구를 통해 질병을 일으킨다. 세균은 여러 가지 독성인자를 조합해 생명체에 들어가고 숙주의 방어 메커니즘을 회피하여 목구멍(사슬알균), 허파(레지오넬라), 장관(살모넬라), 또는 비인두(폐렴알균)와 같은 신체의 여러 부분에 침입할 수 있다. 어떤 세균은 건강한 사람에게는 해가 없지만, 바이러스 감염이나 항암 화학요법과 같은 치료에 의해 숙주의 면역이 약화된 사람이나 유전적 돌연변이가 있는 사람에게는 감염을 일으킨다.

숙주의 감염 감수성, 즉 어떤 사람은 감염병에 잘 걸리고 어떤 사람은 잘 걸리지 않는다는 것이 유전과 관련이 있는가 하는 문제는 전 세계 과학자들이 집중적으로 연구하는 주제이다. 장-로

랑 카사노바 연구팀은 질병이 숙주의 유전적 특성과 관련이 있다는 가설을 강하게 지지한다. 이 연구팀은 결핵의 예방 접종에 사용되는 약독화된 *Mycobacterium bovis* 생균인 BCG처럼 독성이 약한 세균이 병을 잘 일으키는 유전적 소인을 찾아냈다. 어떤 어린이에게는 인터페론이나 인터페론 신호 전달체계를 암호화*하는 유전자 중 하나에 결함이 있어 예방 접종 후 예기치 못한 치명적인 질병이 생기기도 한다는 것이다.

우리는 이 책을 통해서 세균들이 병원성이든 비병원성이든 간에 다양한 특성을 가진 살아있는 생명체라는 것, 그리고 그중 일부는 우리의 상상을 뛰어넘는 흥미로운 특성을 지녔다는 것을 알게 될 것이다. 또한 세균들은 그 자신의 고유한 능력, 즉 필수 화합물을 생산하는 능력, 또는 여러 유기화합물을 변화시키거나 분해할 수 있는 능력이 있어서, 그들이 삶의 터전으로 삼고 있는 숙주가 일상생활을 유지할 수 있게 하고, 더 나아가서는 그들이 서식하는 생태계 전체가 균형을 유지하면서 존속하는 데 중요한 기여를 한다는 것도 알게 될 것이다.

이 장의 용어

고균(archaea)

우리가 잘 알지 못하는 미생물들 중에는 극한 환경에서 살아가는 미생물들이 많다. 이 중에는 수심 수천 m의 높은 기압이나 100℃ 이상의 고온, 높은 농도의 염분이 있는 곳과 같은 환경에서 살아가는 것도 있다. 이런 환경에서 살아가는 생명체 중에서 칼 우즈가 분류한 세 영역 중 하나를 차지하는 것이 고균이다. 고균에는 염분이 많은 환경에서 자라는 호염성 고균, 높은 온도에서 자라는 호열성 고균, 아주 높은 온도에서 자라는 초고온성 고균, 메탄을 만들어내는 메탄생성 고균들이 있다. 고균이 이렇게 높은 온도나 높은 염도의 환경에서 자라기 때문에 마치 원시 지구의 환경과 비슷한 환경에서 자란다고 해서 접두사 "arche"(처음, 시초라는 그리스어)를 붙여서 archeobacteria, 즉 고세균이라고 불렀다. 그러나 그 후 이 미생물 무리가 세균과는 다르다는 것이 밝혀져서 "bacteria"를 빼고 "archaea"로 바꿔 부르게 되었다. 그런데 고균이라는 의미가 마치 세균보다 앞서 탄생한 원시 미생물이라는 의미로 생각하기가 쉬운데, 사실은 그림 1에서 보는 것처럼 세균보다 늦게 탄생했고, 세균보다는 진핵생물에 더 가깝다.

미생물군유전체(microbiome, 마이크로바이옴)

Microbiome이란 microbiota와 genome의 합성어로, 인간, 동·식물, 토양, 바다, 호수, 암벽, 대기와 같은 특정 환경에 존재하는 유전자 전체 혹은 유전자와 다른 화합물 전체의 조화로운 상태, 즉 그 환경 안에 있는 미생물과 그 유전 정보 전체를 포함하는 미생물의 생태계를 말한다. 식물, 동물, 환경, 인체, 장내, 피부 등 다양한 서식처의 마이크로바이옴에 대한 연구들이 보고되고 있다. 이 중에서도 인체 마이크로바이옴, 특히 장내 마이크로바이옴에 대한 연구가 가장 활발하게 진행되고 있다. (이정숙. 장내미생물의 재발견: 마이크로바이옴. BioINpro 2019;68:1-12.)

암호화한다(encode)

유전자는 세포의 염색체 안에 DNA의 형태로 보존되어 있다. 유전자는 궁극적으로 단백질을 만들어서 그 단백질을 통하여 기능을 발휘한다. 유전자가 단백질을 만드는 중간 단계에서 mRNA가 만들어진다. 이렇게 유전자-RNA-단백질의 정보 전달 과정은 일종의 암호로 저장된 정보를 해독하는 과정이다. 38페이지의 그림 5에 아미노산을 암호화하는 코돈에 대한 설명이 있다. 이렇게 나중에 단백질로 만들어질 정보를 담고 있는 DNA를 우리는 "단백질을 암호화하는 유전자"라고 한다. "암호화한다"라는 표현을 일상적인 표현으로 바꾸면 "정보를 담고 있다" 혹은 "단백질을 만들 수 있다" 정도가 될 것이다. 하지만 많은 자료에서 "암호화"라는 표현을 쓰고 있기에, 일반적으로는 잘 안 쓰는 말이지만 그대로 사용하였다.

제 2 장

세균: 아주 잘 조직화된 단세포 생명체

세균은 동물이나 식물의 세포처럼 핵이나 내부 세포기관이 없는, 어떻게 보면 아주 단순한 세포이다. 하지만 실제로는 잘 조직화된 내부구조를 갖고 있다. 모양은 항상 일정하게 유지되고, 내용물은 있어야 할 자리에 항상 위치하고 있다. 단백질들은 각자 정해진 장소에 놓여 있다. 그리고 이러한 특성은 한 세대에서 다음 세대로 그대로 전달된다.

대부분의 세균들은 펩티도글리칸으로 구성된 세포벽으로 둘러싸여 있어서 세균의 모양을 견고하게 유지하여 자신의 형태를 갖출 수 있다. 또 온도, pH, 염도와 같은 외부 환경의 변화를 극복하면서 항상성을 유지할 수 있다. 어떤 세균들은 펩티도글리칸의 바깥에 세포막이라고 하는 막을 갖고 있는 것도 있고, 협막이 세포막 위를 덮고 있는 세균도 있다.

세균은 보통 그람양성과 그람음성의 두 종류로 분류된다. 이 용어는 한스 크리스찬 그람이 개발한 염색법에서 유래되었다. 그

마이코플라스마

마이코플라스마는 대부분 비병원성으로, 호흡기나 질에 상재하고 있다. 하지만 때로 성전파성 감염의 원인이 되기도 한다. 마이코플라스마속의 세균은 비교적 크기가 작다. 또 세포막은 있지만 펩티도글리칸 세포벽이 없기 때문에 전통적으로 중요한 세균 식별 방법인 그람염색으로 염색할 수 없다. 감염이 있을 때 그람염색으로 마이코플라스마를 검출할 수 없는 것은 진단할 때 문제가 된다. 또 이 세균은 당연히 펩티도글리칸을 표적으로 하는 여러 항생제에도 듣지 않는다. 마이코플라스마는 세균 중에서 게놈의 크기가 가장 작은 것에 속한다. 그래서 합성생물학 기법으로 *Mycoplasma genitalium*의 염색체가 세균의 유전체로서는 인공적으로 합성된 최초의 세균이 되었다.

람양성 세균은 세포벽 바깥에 세포막이 없는 세균으로, 세포벽을 이루는 펩티도글리칸 층이 두껍다. 반면 그람음성 세균은 얇은 펩티도글리칸 세포벽을 세포막이 덮고 있다. 그람염색에는 두 종류의 염료가 사용된다. 첫 번째로 세균을 염색하는 염료는 보라색을 띠는 크리스탈 바이올렛인데, 이 염료는 그람양성 세균의 두꺼운 세포벽에 들어간다. 그다음으로 탈색 과정과 두 번째의 염료로 염색하는 과정이 뒤따른다. 그람양성 세균은 탈색 단계에서 크리스탈 바이올렛 염색액이 탈색되지 않아서 두 번째의 염료가 먹히지 않는다. 그래서 보라색으로 보이는 것이다. 그람음성 세균은 펩티도글리칸 층이 얇아서 크리스탈 바이올렛 염료가 탈색 단계에서

세균이 갖고 있는 여러 돌출 부속기들

세균에 따라서는 세포 밖으로 튀어나온 부속기를 갖고 있는 세균들이 있다. 편모는 작은 회전 모터에 연결된 긴 나선형의 필라멘트로, 세균이 액체나 분비물 속에서 이동하거나 퍼지는 수단이 된다. 일부 세균의 표면에는 선모라는 털처럼 생긴 부속기가 있어서, 세균이 생물이나 무생물체의 표면에 부착하거나 세균들이 서로 엉겨들게 한다. 선모와 비슷한 컬리도 세균이 표면에 부착하거나 세균들끼리 엉겨드는 데 관여하여 생물막 형성에 기여한다. 컬리는 알츠하이머 환자의 뇌에서 관찰되는 응집 "아밀로이드" 섬유와 유사한 점이 많다.

쉽게 빠져나가버린다. 그다음 두 번째 염료로 처리하면 붉은색의 사프라닌으로 물들게 된다. 그래서 그람음성 세균은 분홍색 내지 빨간색으로 보인다.

세균이 모양을 유지하는 데는 세포벽이 중요한 역할을 한다. 세균의 크기는 세균이 성장하면서 팽창되는 내부의 부피에 따라 커진다. 그러다가 일정한 한계에 다다르면 이분법으로 분열하여 두 개의 세포로 나뉜다. 세균이 고도로 조직화된 내부구조를 가지는 것은 사람이나 동·식물의 세포에서 볼 수 있는 것과 유사한 특정 분자가 있기 때문이다. 심지어 세균에는 골격도 있다. 세균이 펩티도글리칸을 생성하는 효소를 특정한 곳에 위치시키고 활성화하는, 액틴으로 만들어진 나선 모양의 세포 골격을 가지고 있다는 것이 밝혀진 것이다. 액틴은 세균의 분열에도 필수 요소로 작용한다.

세균의 형태 유지와 분열:
진핵생물의 액틴, 튜불린과 유사한 세균 단백질

세균 중에서 막대균의 세포벽은 세균을 키우는 배지의 조성, 즉 사용할 수 있는 영양분에 따라서 증식하는 정도가 다르다. 세포벽의 성분인 펩티도글리칸은 단백질 MreB에 의해 합성이 조절된다. MreB는 세포막에 박혀있는 나선 모양의 단백질로, 진핵생물의 액틴과 비슷하다. 이 MreB가 막대균이 길쭉한 형태를 유지할 수 있게 한다. 카울로박터라는 세균은 하천이나 호수와 같은 담수에 사는 세균이다. 이 세균에는 크레센틴이라는 단백질이 있어서 초승달처럼 생긴 세균의 모양을 유지할 수 있다.

세균이 성장하는 크기에는 한계가 있다. 세균은 일정한 크기에 도달하면 둘로 나뉜다. 세균이 둘로 나뉘는 과정에 한때 진핵생물에만 존재한다고 믿었던 두 종류의 단백질인 액틴, 튜불린과 유사한 최소 두 개 이상의 분자가 작용한다. 세균이 둘로 나뉘는 마지막 단계의 핵심 과정은 세균이 잘리는 부위에 있는 단백질 FtsA가 단백질 FtsZ에 붙는 것이다. 이 FtsA와 FtsZ가 각각 진핵세포의 액틴, 튜불린과 유사한 단백질이다. ParM도 두 딸세포 사이에 플라스미드 DNA가 고루 분포하도록 하는, 진핵생물의 액틴과 유사한 단백질이다.

대부분의 세균들은 이분법으로 분열할 때 똑같은 두 개의 딸세포를 만든다. 그러나 *Caulobacter crescentus*와 같은 일부 세균들은 그렇지도 않다. 카울로박터는 비대칭적으로 세포가 분열하는 인상적인 모델이다(그림 3). 카울로박터는 한쪽 끝에 작은 줄기가 나 있어서, 이 줄기로 바위나 해저 표면에 달라붙는다. 한쪽이 표면에 고정된 카울로박터는 반대쪽 부분이 계속 성장하고 가운데가 잘리면서 딸세포를 만든다. 딸세포는 편모를 가지고 있어서 이동할 수가 있다. 달라붙을 만한 표면으로 이동한 딸세포는 편모를 없애고 대신 줄기를 만들어서 표면에 달라붙는다. 그러면 그다음은 앞에 설명한 것처럼 딸세포를 만드는 과정을 계속 반복하는 것이다.

세균들은 죽지 않는가? 생존 전략은 있는가? 어떤 세균은 영양이 부족하거나 건조하여 스트레스를 받으면 아포를 형성한다. 아포는 열, 추위, 건조한 기후 혹은 방부제와 같이 일반적으로 세균이 번식하거나 심지어 살아남기조차 매우 어려운 환경에서도 세균이 살아남을 수 있도록 하는 일종의 휴면세포이다. 아포가 되

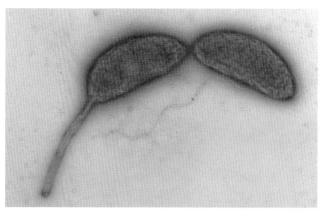

그림 3. *Caulobacter crescentus*는 모양이 다른 딸세포로 나뉘는 세균에 대한 연구의 모델로 사용된다. 이 세균이 분열하면 약간 다른 두 개의 세포로 나뉜다. 하나는 줄기가 있고, 다른 하나는 편모를 가지고 있다.

면 세균은 몇 년이나 혹은 길게는 몇백 년 동안 살아남고 또 전파될 수 있다(그림 4). 그러다가 번식에 적절한 환경을 만나면 아포가 정상적으로 성장할 수 있는 형태로 바뀌고, 세균은 세포 분열을 재개한다.

모든 세균이 아포를 생산하지는 않는다. 아포를 만드는 세균 중에 우리에게 비교적 익숙한 탄저균이라는 세균이 있다. 이 세균은 인간에게 가장 위험한 세균 중 하나이다. 2001년 말 미국에서 생물 테러 목적으로 탄저균 아포가 우편으로 발송되었고, 거기에 노출된 사람들의 피부, 장, 폐에 탄저균이 감염되면서 그 가운데 다섯 명이 사망했다. 파상풍균도 아포를 만드는 세균이다. 파상풍균의 아포는 토양에서 여러 해 동안 휴면 상태로 있다가 개방성 상처를 통해 사람 몸에 들어와서 세균이 자라기 좋은 혐기성 환경에 노출되면 성장을 재개할 수 있다. 그때 세균이 증식하면서 파상풍 독소를 만들어 파상풍을 일으킨다.

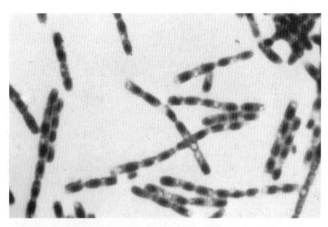

그림 4. 탄저균. 탄저균은 스트레스 조건에서 세균의 완전한 DNA가 들어있는 아포를 만든다. 아포는 생존에 유리한 조건을 다시 만나서 증식하고 분열할 때까지 자연에서 오랫동안 살아남을 수 있다.

아포는 열악한 조건에서도 잘 견디고 쉽게 퍼질 수 있기 때문에 없애기가 무척 어렵다. 그래서 아포가 위험한 것이다. 예를 들어 *Clostridioides difficile*이라는 세균을 보자. 이 세균은 사람의 장내 미생물총에 있으면서 별 문제를 일으키지 않고 살아간다. 이 세균의 또 다른 특징 하나는 우리가 흔히 병원에서 환자의 치료에 많이 사용하는 항생제에 내성을 보인다는 것이다. 그래서 환자의 감염을 치료할 목적으로 항생제를 투여하면 병원균은 물론이고 장내 미생물총을 이루고 있는 많은 유익균들이 죽는다. 그러면 상대적으로 내성이 강한 *Clostridioides difficile*이 살아남아서 성장하게 된다. 정상적인 장내 미생물총의 미생물 구성이 변하여 이 세균이 지배적인 균종이 되는 것이다. 이 세균은 장내에 적은 수로 있을 때는 문제가 되지 않지만 이렇게 우세한 균종이 되면 심각한 대장염과 설사를 유발할 수 있다. 이 세균의 아포도 어디서든지 몇 년 동안이나 생존할 수 있다. 그런 이유로 병원에 입원한 환자에게는 이 세균에 의한 의료관련 감염이 점점 더 많아지고 있다.

세균에는 잘 알려지지 않은 생존 전략이 하나 더 있다. 어떤 세균은 펩티도글리칸이 없는 후손을 만들어서 우리의 면역체계에서 인식하지 못하도록 할 수 있다. 이런 세균을 영국의 외과의사 조셉 리스터의 이름을 따서 L형 세균이라고 부른다. 앞서 설명한 마이코플라스마와 마찬가지로 이들은 세포벽이 없어서 여러 항생제에 내성이 있기 때문에 치료를 해도 없어지지 않고 숙주에서 오랫동안 생존할 수 있다. L형 세균은 세포벽이 있는 원래의 균주로 돌아갈 수 있는 형태도 있고, 돌아가지 못하는 형태도 있다.

오늘날은 세균이 분열하는 모습을 시각적으로 잘 확인할 수 있을 뿐만 아니라, 세균에서 특정 단백질이 자리한 곳이 어디인지, 또 개별 단백질의 작용과 운명은 무엇인지를 탐구할 수 있는 정도까지 발전하게 되었다. 실제로 다양한 형광표지자를 사용한 시각화 기술과 저속 현미경과 초고해상도 현미경은 세균을 실시간으로 연구하는 데 크게 기여했다. 그래서 세균 단백질에 형광이 표지된 정확한 위치, 예를 들면 한쪽 극단이나 두 딸세포로 갈리는 부위를 관찰할 수 있고, 세균이 증식하는 동안 단백질의 발현 상태를 확인할 수 있다. 이러한 시각화 기술을 미세유체 연구(작은 관을 흐르는 액체를 연구하는 학문)와 결합함으로써 온도나 영양분과 같은 배양 환경이 변화하는 상황에서도 세균의 움직임을 실시간으로 관찰할 수 있게 되었다.

세균 세포생물학은 폭발적으로 발전하고 있는 새로운 분야로, 이전에는 자세한 것을 알 수 없었던 세균의 생리를 이해할 수 있게 하는 학문이다. 세균 세포생물학의 발전으로 우리는 병원성 세균이 계속 살아남아 병을 일으키는 문제나 특정 환경에서 세균이 증식하는 문제와 같이 세균과 관련된 우리의 주요 관심사를 잘 이해할 수 있게 되었다.

제3장

RNA 혁명

세균에서 유전자라고 하는 것은 다른 세균과 구별되는 유전학적 신분증이라고 할 수 있다. 세균의 유전자는 사람의 유전자와 마찬가지로 염색체의 DNA에 의해 전달된다. 세균의 염색체는 대개 원형이고 하나의 염색체를 갖고 있지만, 콜레라균은 두 개의 원형 염색체를 갖고 있다. 드물게 염색체가 여러 개 있는 세균도 존재한다. 라임병은 진드기에 물려서 감염되는데, 그 병원체인 보렐리아는 여러 개의 선형 염색체를 가지고 있다.

세균들 중 상당수가 염색체 외에 플라스미드*라는 원형의 작은 DNA 성분을 가지고 있다. 플라스미드는 세균의 증식에 필수적인 것은 아니지만 세균이 생존하고 병원성을 유지하는 데 중요한 역할을 한다.

염색체와 플라스미드의 DNA는 두 개의 가닥이 사다리 모양으로 연결된 이중나선 형태의 폴리머이다. 각각의 가닥은 염기와 당으로 이루어진 뉴클레오티드가 연속으로 나열된 것이다. 염기는 네 종류, 즉 아데닌(A), 티민(T), 구아닌(G), 시토신(C)로 구성된다. DNA가 이중나선을 만들 때는 일종의 규칙이 있어서, 한쪽 가닥의 T는 다른 쪽 가닥의 A와 결합하고 C는 G와 결합하면서 나선형의 사다리를 형성한다. 유전자는 염색체의 한 부분을 차지하면서 수백 개 혹은 수천 개의 뉴클레오티드로 구성되어 있고, 단백질 합성에 필요한 정보를 가지고 있다. 이를테면 유전자는 단백질을 만드는 암호인 것이다. 유전자는 염색체에 들어있지만, 염색체의 모든 DNA들이 유전자는 아니다. 즉, 다시 말하면 염색체의 유전자와 유전자 사이에 단백질로 번역되지 않는 부분도 있다.

다른 생명체에서와 마찬가지로 세균에 존재하는 DNA는 두 가지 방식으로 자신의 존재를 드러낸다. 첫 번째 방식은 복제 과정으로, 세포 분열을 하는 중에 DNA의 두 가닥과 정확히 똑같은 것 하나가 더 만들어져서 딸세포에 각각 하나씩 전달되는 것이다. 두 번째 방식은 전사 과정으로, DNA의 한쪽 가닥에 내재된 정보를 바탕으로 전사를 담당하는 메신저 RNA(messenger RNA, mRNA)가 만들어지는 과정이다. 전사 과정은 그림 5에서 설명하고 있다.

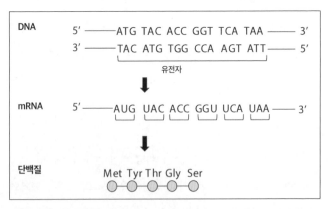

그림 5. DNA의 이중 가닥, 전사된 mRNA, 그리고 mRNA에 의해 번역된 단백질의 모식도.

mRNA는 DNA와 비슷하기는 하지만 약간 다른 분자로, 세포가 가진 유전 정보를 이용해서 단백질을 만들 수 있도록 하는 중간 단계의 물질이기 때문에 "메신저"로 불린다. RNA는 DNA처럼 하나의 염기와 하나의 당으로 구성된 리보뉴클레오티드가 연속으로 나열된 구조로 되어 있다. RNA도 네 종류의 염기를 가지고 있는데, 그것들은 아데닌(A), 우라실(U), 구아닌(G), 시토신(C)이라고 불린다. RNA와 DNA에서 네 개 중 세 개의 염기는 같고, 하나가 다르다. 즉, DNA의 티민(T)이 RNA에서는 우라실(U)로 바뀐다. 그리고 DNA는 염기와 결합하고 있는 당이 데옥시리보스여서 deoxyribonucleic acid, 즉 DNA라고 부르고, RNA는 염기에 붙어 있는 당이 리보스이기 때문에 ribonucleic acid, 즉 RNA라고 부른다.

복제는 염색체의 복제시작점에서 시작하여 염색체를 따라 두 방향으로 이루어진다. 염색체는 DNA를 구성하고 있는 두 가닥이 각각 복제되고, 일단 복제가 시작되면 전체 염색체가 완전히 복제된다. 반면에 전사는 한 방향으로만 움직이는 과정이다. 염색체의 어느 지점에서나 시작될 수 있지만 프랑수아 자콥과 자크 모노가 촉진유전자(프로모터)라고 명명한, 유전자의 상류 영역에 있는 특정 지역에서만 시작된다. 그리고 각 DNA 가닥의 특정 영역만 mRNA로 전사된다. mRNA의 정보는 단백질로 번역되는 데 쓰인다.

번역은 세균의 여러 소기관들, 특히 리보솜*이라고 하는 장치에서 이루어지는 아주 정교한 과정이다. 리보솜은 코돈이라고 하는 연속한 3개의 뉴클레오티드를 인식하는 방식으로 mRNA 전사체의 뉴클레오티드 서열을 읽는다. 따라서 이론적으로 총 64개의 3연속 뉴클레오티드 조합, 즉 코돈(예, ACG, UAC, ACC 등)이 있을 수 있다. 이 코돈들이 각각 단백질의 구성 요소인 20개의 아미노산 중 하나로 번역된다. 따라서 각각의 아미노산은 하나 혹은 여러 개의 코돈으로 암호화될 수 있다. 그렇지만 하나의 코돈은 하나의 아미노산으로만 번역된다. 이 유전 코드는 세균뿐만 아니라 다른 생명체에서도 동일하다. 세균은 DNA에서 mRNA를 만들고, 궁극적으로는 모든 생명체의 범용 코드인 코돈에 의해 단백질을 만든다. 세균은 수천 개의 mRNA를 만들 수 있다.

세균에서는 일반적으로 동일한 생리적 기능에 관여하는 여러 개의 연속적인 유전자가 하나의 프로모터에서 시작하여 함께 mRNA로 전사되고 같이 조절되는 유전자 집단을 형성한다. 이 유전자 집단을 오페론이라고 한다. 이 사실을 규명한 프랑수아 자콥, 앙드레 르보프, 그리고 자크 모노는 1965년 공동으로 노벨 생리의학상을 받았다.

전사는 항상 일정하게 일어나는 것이 아니다. 인체를 예로 들면, 인체의 각 부위에 있는 세포들은 각기 다른 기능을 발휘한다. 그 말은 각기 다른 단백질들을 만들어낸다는 말이다. 한 사람의 세포 안에는 똑같은 DNA가 들어있는데 어떻게 그런 일이 일어날까? 그것은 세포들이 동일한 유전자를 갖고 있지만 유전자의 발현이 다르기 때문이다. 즉, 세포마다 전사가 다르게 일어나기 때문이다. 세균에서도 같은 일이 벌어진다. 각각의 세균이 처한 환경에 따라서 특정 유전자가 발현하기도 하고 특정 유전자가 억제되기도 한다. 이와 같이 전사는 pH나 온도, 주변의 영양분과 같은 많은 요인의 영향을 받는다. 또 세균 자체의 요인에 의해서도 영향을 받는다. 세균에서 전사를 조절하는 가장 간단한 방식은 "조절" 단백질에 의해서 전사를 억제 혹은 자극하는 것이다. 이 조절 단백질은 염색체의 다른 곳에 있는 별개의 유전자에 의해 만들어진다. 이 조절 단백질이 오페론의 첫 번째 유전자의 상류 지역의 DNA에 부착하여 그 유전자의 mRNA의 발현을 "억제"하거나 "자극"할 수가 있다. 이 조절 모델을 밝힌 사람이 프랑수아 자콥이다. 그는 대장균이 락토스를 분해하는 대사 활동에 관계된 락토스(*lac*) 오페론 연구를 수행했다. 대장균의 *lac* 오페론은 락토스 대사 단백질인 LacZ를 암호화한다. 대장균의 주변에 락토스가 없으면 *lac* 오페론의 전사가 일어나지 않는다. 왜냐하면 Lac 억제자인 LacI가 염색체의 *lac* 오페론 유전자의 앞부분에 결합하여 유전자가 전사되는 것을 방해하기 때문이다. 그런데 세균의 주변에 락토스가 있으면 세균은 락토스를 알로락토스로 만든다. 알로락토스는 LacI 단백질에 결합하여 이 단백질의 3차원 구조를 변화시킨다. 이렇게 변화된 LacI는 DNA에 결합할 수 없다. 그렇게 되면 LacI의 억제 효과가 사라져서 lac 오페론 유전자들은 전사와 번역 과정을 진행하게 되고, 락토스를 대사할 수 있게 된다.

1961년 프랑수아 자콥과 자크 모노가 「Journal of Molecular Biology」에 전사 억제자에 대한 오페론 모델을 발표했을 때 그들은 전사 억제자가 조절 유전자의 산물, 즉 RNA일 것이라고 추정하였다. 다시 말해 억제자 RNA가 오페론의 DNA 상층부에 작용해서 전사를 억제하든지, 아니면 오페론 mRNA의 시작 부위에서 단백질로 번역되는 것을 방해하든지 한다는 것이다(그림 6). 이 모델이 발표된 후 연구자들은 락토스 오페론의 조절 과정을 자세히 분석한 결과 Lac 억제자가 오페론 유전자의 상층부에서 작동하지만, 사실은 RNA가 아니라 앞서 언급했듯이 단백질이 작용하는 것임을 발견하게 되었다. 그 이후 몇 년 동안 많은 다른 전사 억제자들이 발견되면서 프랑수아 자콥과 자크 모노의 가설의 핵

전사 억제자와 전사 활성인자

오페론 모델은 모든 세균과 그 외의 원핵생물, 그리고 일부 진핵생물(특히 선충류 *Caenorhabditis elegans*)에서 관찰된다. 오페론에 대한 연구로 이에 관한 지식이 아주 풍부해졌다. 이제 우리는 유전자가 Lac 억제자와 유사한 다양한 전사 억제자에 의해 발현이 억제된다는 것을 알게 되었다. 억제자에 의해 어떤 유전자는 억제되지만 다른 유전자는 오히려 활성화되기도 한다. 이 경우는 유전자 발현이 필요한 특정 조건이 되었을 때 활성단백질이 오페론의 앞부분에 결합하면서 전사를 활성화하는 양성 조절이 일어난 것이다. 세균에서 가장 잘 알려진 활성단백질 중 하나는 대장균의 CAP 또는 CRP 단백질이다. 이 단백질은 세균에서 호르몬으로 작용하는 분자인 cyclic AMP에 결합하고, 포도당 이외의 당을 분해하는 유전자를 활성화한다.

세균에 존재하는 전사 억제자와 전사 활성인자는 세균을 공격하는 바이러스인 박테리오파지에도 존재한다. 박테리오파지는 본질적으로 단백질 외피 안에 DNA와 몇몇 단백질이 들어있는 구조를 가진다. 단백질 CI는 람다 박테리오파지의 삶에서 중요한 역할을 한다.

람다 파지는 용균성(lytic)이나 용원성(lysogenic)을 띤다. 용균성은 파지가 숙주세포를 죽이는 것을 말한다. 참고로, lytic이라는 말은 그리스어 lysein에서 유래한 말로 녹인다는 뜻이다. 용균성 파지가 숙주세포에 감염되면 파지의 DNA

가 새로운 파지를 복제하고, 충분히 많은 파지가 복제되면 숙주세포를 뚫고 나온다. 이 과정에서 숙주세포는 죽는다. 반면에 용원성 파지는 숙주세포에 감염된 후 자신의 DNA를 세균의 염색체에 삽입한다. 삽입된 바이러스의 DNA는 마치 세균과 한 몸처럼 지내면서 세균이 분열할 때 따라서 복제된다. 세균 복제될 때 저절로 파지 자신이 복제되도록 하는 것이다. 그러나 주위 환경이 바뀌면 파지의 DNA가 숙주세포의 염색체에서 빠져나와 세균을 죽이면서 세균 밖으로 나오기도 한다.

CI 단백질은 람다 파지에서 용균 또는 용원 상태를 조절하는 핵심적인 조절 인자이다. 즉, 파지 DNA가 세균의 염색체에 삽입되어 들어가면 전사 억제자로 작용하여 파지 DNA가 세균 염색체에서 분리되어 빠져나올 때 필요한 세균의 절단 유전자가 발현되는 것을 억제한다. 그래서 파지가 계속 세균의 DNA에 합체하여 있을 수 있는 것이다. 그러다가 세균이 스트레스를 받거나 방사선에 노출되거나 특정 영양분이 결핍된 환경에 놓이면 세균의 단백질인 RecA가 활성화된다. 이 단백질은 CI 단백질을 잘라 버린다. 그렇게 되면 파지 DNA가 숙주의 염색체로부터 분리되어 빠져나올 수 있다.

심 부분, 즉 억제자가 RNA일 것이라는 가설은 잊혔다.

그러다가 1980년대 초에 플라스미드의 복제 과정에서 플라스미드 DNA의 단일 가닥에 상보적으로 결합한 작은 RNA가 플라

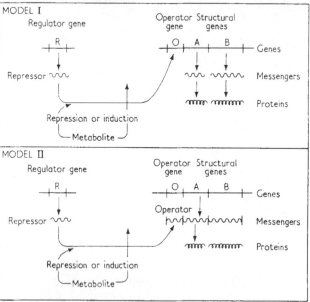

그림 6. (위) 1965년 노벨상 수상자 프랑수아 자콥, 자크 모노, 앙드레 르보프. (아래) 이들은 락토스 오페론의 세 유전자가 동시에 억제되는 두 가지 가설을 제안했다. 여기서 RNA가 전사 억제자의 역할을 한다는 것에 주목해야 한다.

스미드의 복제를 방지함으로써 복제가 조절된다는 사실이 밝혀졌다. 이 발견으로 안티센스 RNA(anti-sens RNA, asRNA)*의 개념이 탄생했고, RNA 혁명이 시작되었다.

그 후 세균에서 여러 안티센스 RNA가 발견되었지만 그것은 2000년대 초에 진핵생물에서 microRNA가 발견되면서 일어난 지식의 폭발적인 팽창에 비하면 아무것도 아니었다. microRNA는 22개의 뉴클레오티드로 이루어진 작은 RNA로, 진핵세포 RNA의 3′ 위치에 부착하여 RNA의 단백질 번역에 영향을 준다. 이러한 발견은 두 가지의 기술 혁신에 힘입은 바가 크다. 하나는 마치 평면에 작은 타일을 깔아놓은 것처럼 DNA 조각을 배열한 DNA 칩 기술이고, 다른 하나는 게놈과 RNA의 서열을 분석하는 새로운 초고속 염기서열 결정법이다. 이러한 기술의 발전으로 다양한 조건에서 성장한 세균에서 RNA 전사체들의 양상을 분석할 수 있게 되었고, 세균들이 단백질을 생성하지 않는 RNA를 많이 만들어낸다는 사실을 발견했다. 비암호화 RNA라고 하는 이 전사체들은 DNA의 유전자 사이에 있는 영역의 산물로 조절 인자 역할을 한다.

세균에는 수백 개의 서로 다른 비암호화 RNA가 있다. 이 RNA가 만들어지는 영역은 과거에 종종 염색체에서 "유전자 사이의 영역"이라고 불리면서 대수롭지 않게 여겨졌던 부분이지만, 비암호화 RNA의 중요성이 부각되면서 그런 인식은 사라졌다. 비암호화 RNA 또는 조절 RNA라고 하는 RNA들은 유전자 발현을 조절한다. 그리고 황색포도알균의 RNAIII에서 볼 수 있듯이 번역하여 작은 펩티드를 만들어내기도 한다.

에마뉘엘 샤르팡티에가 이끄는 연구팀은 2010년 A군 사슬알균에서 비암호화 RNA를 연구하면서 아주 중요한 발견을 했다.

그들은 tracrRNA(trans-activating CRISPR RNA)로 알려진 작은 RNA가 세균에 침입한 파지를 인식하고, 더 나아가 이 파지를 파괴하기도 한다는 것을 밝혔다. 소위 크리스퍼 시스템이 발견된 것이다. 다음 장에서 크리스퍼 시스템을 자세히 설명할 것이므로 이들에 대한 설명은 뒤로 미룬다. 다만, 이 발견이 예상 밖의 놀라운 진보, 특히 게놈 수정을 위한 CRISPR/Cas9이라는 혁신적 기술로 이어졌다는 점을 먼저 말해둔다.

비암호화 RNA(noncoding RNA, 비암호 전사체)

비암호화 RNA는 수십에서 수백, 혹은 수천 개의 뉴클레오티드에 이르기까지 크기가 매우 다양하다. 그들은 다른 RNA나 DNA뿐만 아니라 단백질과도 상호작용을 한다. 비암호화 RNA는 그 표적과 완전히 상보적이지 않아도 안티센스 RNA 역할을 할 수 있다. 비암호화 RNA는 mRNA의 번역 개시 부위에 부착하여 mRNA 번역을 방지한다. 또한 RNA 유전자의 상류 영역에 부착하여 3차원 구조를 변경함으로써 유전자의 번역을 자극할 수도 있다. 예를 들면, 리보솜이 작용하는 부위가 숨겨져 있는 것을 노출시킴으로써 리보솜이 활성화되도록 하기도 한다. 비암호화 RNA는 또 단백질에 결합하여 그것을 포획함으로써 단백질의 작용을 방해하기도 한다. 이 현상은 매우 드물게 나타나지만, 대장균과 같은 그람음성 세균에서 CsrA 단백질이 작은 CsrB RNA에 의해 포획되는 것과 같은 몇 가지 예는 잘 알려져 있다.

리보스위치: 분자 차단기

리보스위치라고 하는 비암호화 RNA는 차단기 역할을 한다. 리보스위치는 특정한 mRNA의 시작 부분에 위치하고 있으며, 특정 리간드*가 결합하면 두 가지 다른 방식으로 접힌다. 첫 번째의 방식은 리간드가 리보스위치에 결합하여 RNA가 mRNA의 번역을 방해하는 것이다. 이것을 번역 리보스위치라고 한다. 이 경우 mRNA 전체가 합성되기는 하지만 단백질로 번역되지는 못한다. 두 번째 방식은 리간드가 리보스위치에 결합하여 유전자의 전사가 일어나지 않게 하는 것이다. 이것을 전사 리보스위치라고 하는데, 이때 RNA의 합성은 아주 짧게 이루어진다. 리간드가 리보스위치에 결합하지 않으면 RNA는 완벽하게 전사되고, 단백질로도 완벽하게 번역된다. 리보스위치에 결합할 수 있는 리간드는 S-아데노실메티오닌, 비타민 B1, B12, 운반 RNA(tRNA) 또는 마그네슘과 같은 금속 등 아주 다양하다. 리보스위치는 앞에서 설명했듯이 mRNA를 조절할 뿐만 아니라 비암호화 RNA도 조절할 수 있다. 예를 들면, 식중독의 원인균인 *Listeria monocytogenes*에는 장내 상재균이 만든 프로판디올을 분해하는 효소를 암호화하는 일련의 유전자가 있는데, 비타민 B12 리보스위치가 이 유전자들을 조절하는 안티센스 비암호화 RNA를 제어하는 것이다. 프로판디올 분해효소가 작용하기 위해서는 다음과 같은 방식으로 비타민 B12를 필요로 한다.

다음 페이지 연결

- 비타민 B12가 있으면 리보스위치는 짧은 RNA로 합성된다. 이 짧은 RNA는 조절 단백질 PocR 합성을 막지 못한다. 그러면 PocR 단백질이 합성되고, 이 PocR의 조절로 유전자가 활성화되어 프로판디올 분해효소가 생성된다.
- 비타민 B12가 없으면 리보스위치는 긴 형태의 안티센스 비암호화 RNA를 만든다. 이 안티센스 RNA는 PocR로 번역되는 mRNA와 상보적으로 결합하기 때문에 PocR의 합성이 중지된다.

이렇게 활성화 인자 PocR은 조건이 유리하지 않으면, 즉 PocR 자신이 조절하는 유전자의 산물인 단백질들이 비타민 B12에 의해 활성화되지 않으면 생산되지 않는다.

이와 같은 리보스위치의 다른 예로, *Listeria monocytogenes*와 *Enterococcus faecalis*에서 발견되는 또 다른 비타민 B12 리보스위치가 있다. *eut* 유전자는 장에서 흔히 발견되는 화합물인 에탄올라민의 이용에 관여하는 단백질을 만드는 유전자로, 장내 상재균에는 없고 주로 병원성 세균에 존재하는 유전자이다. 리보스위치는 다음과 같이 작동한다.

- 비타민 B12가 있으면 리보스위치가 작동하여 짧은 비암호화 RNA가 생성된다. 짧은 RNA는 조절 단백질을 포획할 수 없다. 그러면 조절 단백질은 *eut* 유전자의 발현을 활성화한다.
- 비타민 B12가 없으면 리보스위치가 작동하지 않기 때문에 완전한 길이의 비암호화 RNA가 생성된다. 이 비암호화 RNA는 조절 단백질을 포획할 수 있다. 그러면 이 조절 단백질에 의해서 활성화되는 *eut* 유전자가 활성화되지 않는다.

이 과정은 복잡하기는 하지만 병원성 세균의 생존에는 중
요하다. 즉, 병원성 세균은 *eut* 유전자를 가지고 있기 때문에
비타민 B12가 있는 상황이면 에탄올라민을 이용할 수 있는
데, 장내 상재균에는 이 유전자가 없기 때문에 병원균이 상
재균에 비해 생존에 유리한 것이다.

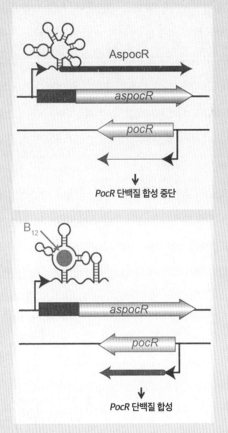

그림 7. PocR 단백질을 생성하는 염색체 영역의 모식도. (위) 비타민 B12가 없는
경우 긴 전사체 AspocR은 *pocR* 유전자의 전사체와 상보 결합하기 때문에 PocR
이 만들어지지 않는다. (아래) 비타민 B12가 있으면 *pocR* mRNA가 단백질 PocR
를 만들 수 있다.

황색포도알균의 RNAIII

황색포도알균의 RNAIII는 정족수 인식체계에 의해 조절된다. 이는 세균 개체 수가 자신들의 활동에 유리할 만큼 충분한 숫자에 도달해야 RNAIII가 발현된다는 것을 의미한다. 정족수 인식에 대해서는 7장을 참조하기 바란다. RNAIII는 몇몇 독성인자의 발현을 제어한다. 가령 RNAIII는 감염이 시작되는 초기에는 세균의 표면에 발현되거나 세균 밖으로 분비되는 단백질 A가 만들어지는 것을 억제한다. 그리고 RotA와 같은 전사 조절체의 번역을 억제하기도 한다. 반면에, RNAIII가 알파-헤몰리신(Hla)이라는 독소로 번역되는 RNA가 활성화되도록 하는 안티센스 역할을 하여 Hla의 발현을 활성화하기도 한다. 그리고 RNAIII는 26개 아미노산으로 이루어진 또 다른 독소인 델타-헤몰리신(Hld)단백질을 암호화한다. 514개의 뉴클레오티드로 이루어진 황색포도알균의 RNAIII는 이처럼 아주 활동적인 분자로, 세균의 감염 과정에서 여러 가지 생리작용을 조절한다.

익스클루돈(excludon)

어떤 RNA는 아주 긴 asRNA(long asRNA, lasRNA)로, 안티센스 기능과 메신저 기능을 동시에 지닌다. 즉, lasRNA는 같은 위치의 RNA 반대편 가닥에서 전사된 mRNA와 상보적인 서열을 가져서 그 RNA와 결합함으로써 mRNA가 발현되는 것을 억제할 수 있다. 앞에서 설명한 바와 같이 이중나선으로 결합해 버리면 mRNA가 단백질을 만드는 것을 방해할 수 있다는 뜻이다. 그와 동시에 자기 자신이 어떤 유전자의 mRNA의 역할을 해서 단백질을 합성한다. lasRNA를 만들어 내는 자리가 세균 염색체의 익스클루돈이라는 영역이라는 것이 최근에 밝혀졌다. 이 영역은 리스테리아의 염색체에서 처음 발견되었지만 이후 다른 많은 세균들에도 있다는 것이 밝혀졌다. 익스클루돈은 세균 염색체에서 서로 반대 방향으로 향하는 두 개의 오페론을 암호화하는 DNA 영역으로 구성된다. 한쪽으로는 안티센스인 긴 RNA(최대 6,000개의 뉴클레오티드)를 암호화한다. 이 RNA의 앞 부분, 즉 그림 8의 P1과 P2 사이 영역은 반대쪽 가닥에 위치한 오페론의 발현을 억제하는 안티센스의 역할을 한다. 그리고 RNA의 뒷 부분, 즉 P1의 하류 부분은 mRNA 역할을 한다(그림 8).

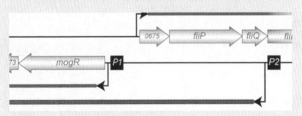

그림 8. 익스클루돈의 예. P2에서 전사가 시작되고 긴 전사체가 생성되면 그림 위쪽에 있는 오른쪽 방향의 오페론은 발현이 억제된다.

이 장의 용어

리간드(legand)

리간드는 수용체에 결합하는 항체나 호르몬, 약물 같은 물질을 말한다. 리간드라는 용어는 "묶다, 연합하다"는 뜻을 가진 라틴어 "ligāre"에서 유래하였다.

안티센스 RNA (asRNA)

asRNA는 단일 가닥 RNA로 mRNA와 상보적인 서열을 갖고 있기 때문에 mRNA와 이중나선 결합을 형성할 수 있다. asRNA가 mRNA와 이중나선을 형성하면 mRNA가 단백질 합성을 하지 못한다. 그래서 anti-sense라는 이름이 붙었다.

코돈(codon)

코돈은 유전자가 전사되어 만들어진 mRNA에 있는 정보로, 단백질을 합성할 때 특정한 위치에 특정한 아미노산이 들어가도록 설계되어 있다. mRNA에 있는 염기는 순서대로 세 개씩 조합을 이루어서 각각이 하나의 아미노산으로 번역된다. 그래서 이론적으로 4개의 염기로 구성된 코돈의 개수는 64개이다. 이 코돈들이 20가지의 아미노산에 대응하거나 혹은 단백질 번역을 끝내는 정지 신호에 해당한다. 그래서 20개의 아미노산 중 하나에 대응하는 코돈은 여러 개일 수 있다. 그림 6은 다섯 개의 코돈이 다섯 개의 아미노산으로 번역되는 것을 보여주고 있다. 만약 염색체에 돌연변이가 생겨서 유전자의 중간에 하나의 염기가 없어지거나 추가되면 연속하는 세 개의 코돈이 바뀌게 되어 완전히 다른 단백질이 만들어진다.

플라스미드(plasmid)

플라스미드는 세균에 있는 독자적으로 복제될 수 있는 원 모양의 두 가닥 DNA 분자이다. 플라스미드라는 말은 1952년 조슈아 레더버그가 "염색체를 제외한 세균의 모든 유전 결정 요소"로 정의하였다. 플라스미드는 세균이 살아가는 데 반드시 필요하지는 않지만, 여러 항생제에 대해서 내성을 보이는 유전자와 같이 세균의 생존에 유리한 요소를 많이 가지고 있다. 플라스미드는 한 세균에서 종이 다른 세균으로 전달되기도 한다. 유전공학에서는 세균이 가지고 있는 플라스미드를 세포 밖으로 빼내고 제한효소로 자른 뒤 특정한 유전자를 삽입하여 이를 다시 세균에 넣어 배양하기도 한다. 실제로 이와 같은 과정을 통해서 특정한 유전자나 유전자 산물인 단백질을 만드는 것을 유전자 재조합이라고 한다.

제
4
장

크리스퍼 방어체계와 CRISPR/Cas9 유전자가위

세균은 다른 생명체와 마찬가지로 항상 외부의 공격에 직면해 있다. 특히 세균은 끊임없이 박테리오파지의 공격을 받는다. 바이러스가 동물이나 식물의 세포를 공격하는 것처럼, 파지는 세균에 부착하여 DNA를 주입하고, 세균의 복제, 전사, 번역에 쓰이는 메커니즘을 활용하여 자신의 DNA를 복제하고 RNA로 전사한 후 단백질을 합성해 새로운 파지를 생성한다. 결국에는 세균 세포를 녹이면서 빠져나와 수백 개의 새로운 박테리오파지를 만들어낸다. 파지는 토양이나 물, 심지어 우리 몸의 장내 미생물총까지 어디서든 세균을 감염시킨다(그림 9). 박테리오파지들은 자연 속에 무수히 많다. 그들은 형태, 크기, 구성, 그리고 그들이 공격하는 세균 등에 따라 여러 과로 분류된다.

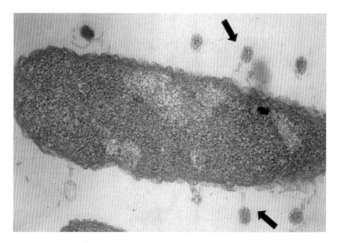

그림 9. 대장균을 감염시키는 박테리오파지.

박테리오파지가 세균을 공격하려면 세균 표면에 특정한 부착 부위인 수용체가 있어야 한다. 세균의 파지 수용체는 파지에 따라서도 다르고 세균에 따라서도 다르다.

세균의 파지 감염은 중요한 문제를 야기할 수 있다. 특히 유제품 산업에서 그렇다. 요구르트와 치즈를 만드는 데는 *Streptococcus thermophilus*가 사용된다. *Streptococcus thermophilus*는 우유의 유당을 분해해 젖산을 만든다. 또한 같은 균종이라도 균주가 다르면 각 요구르트의 고유한 맛과 질감이 달라진다. 그래서 제품을 안정적으로 생산하고 판매하려면 균주를 잘 유지하고 관리하는 게 중요하다. 박테리오파지의 감염으로 세균의 균주가 소멸되면 요구르트나 치즈의 제조업체는 치명적인 타격을 받을 수 있다.

최근 10년 동안 미생물학에서 일어난 가장 중요한 발견 중 하나는 세균이 면역체계를 가지고 있다는 것이다. 이는 일정한 간격을 두고 짧은 회문서열이 반복되는 DNA 집단, 즉 크리스퍼 (CRISPR)*를 말한다. 염색체의 크리스퍼 영역은 세균이 침입자,

특히 이전에 만났던 파지를 인식하고 파괴할 수 있도록 한다. 크리스퍼 영역은 박테리오파지에 대항할 수 있는 일종의 백신으로, 세균을 보호하는 역할을 하는 것이다.

세균에 인공적으로 백신을 접종하는 일이 가능할까? 그렇다. 세균 집단에 파지를 접종하면 소수의 세균은 살아남는데, 살아남은 세균은 크리스퍼 유전자의 위치에 파지 DNA의 일부 조각을 집어넣을 수 있다. 이것은 나중에 같은 파지가 다시 공격해 들어오면 세균이 파지 DNA를 인식하고 분해할 수 있는 도구가 된다. "간섭"이라고 하는 이 독특한 현상은 크리스퍼 영역의 구조와 그 영역 근처에 놓인 *cas*(CRISPR-associated, 즉 CRISPR와 연관된) 유전자로 인해 나타난다.

크리스퍼 유전자좌는 약 50개의 뉴클레오티드로 이루어진 부분과 그 옆에 특정 박테리오파지의 DNA 서열과 유사한 "간격서열"이라는 부분이 연이어서 나타나는 구조를 지니고 있다. 일부 세균에는 반복서열이 다른 여러 개의 크리스퍼 유전자좌가 있다. 그래서 약 40%의 세균에는 하나 이상의 크리스퍼 구조가 있고, 나머지 세균에는 크리스퍼가 없다. 크리스퍼 유전자좌는 매우 긴 경우도 있는데, 때로 100회 이상의 서열 반복이 존재하기도 한다. 크리스퍼가 작용하는 데는 획득과 간섭이라는 두 가지 과정이 필요하다. 획득은 적응이라고도 하는데, 파지의 DNA 단편을 자신의 크리스퍼 구조에 삽입하는 과정이다. 간섭은 *cas* 유전자의 산물인 Cas 단백질이 수행하는 면역반응, 즉 파지 절단 과정이다(그림 10).

세균은 간섭과 적응 과정에서 크리스퍼의 작용을 도와주는 수많은 단백질을 가지고 있다. 이 단백질들은 크리스퍼 유전자좌에 DNA 조각을 추가하고, 그 추가된 정보를 이용해서 침입하는 파

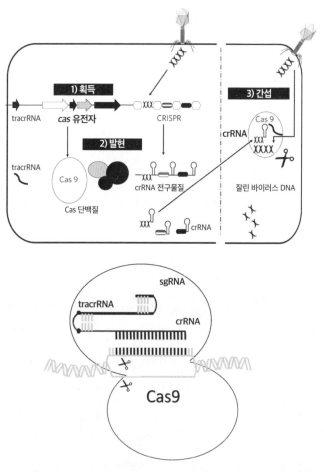

그림 10. (위) 크리스퍼가 작용하는 3단계. (1) 획득. 파지의 DNA 조각이 크리스퍼 유전자좌에 통합됨. (2) 먼저 긴 pre-crRNA가 만들어지면, tracrRNA가 pre-crRNA의 반복서열과 상보적인 부분에서 이중나선 결합을 함. 거기에 Cas9 핵산 분해효소가 결합하고, 나중에 pre-crRNA가 간격서열-반복서열을 하나씩 가지는 crRNA로 분할됨. tracrRNA-crRNA-Cas9 복합체가 만들어지는 것임. (3) 간섭. tracrRNA-crRNA-Cas9 복합체가 세균에 재침입한 파지를 만난 후, 파지의 DNA 한쪽 가닥과 crRNA가 상보적으로 결합하여 파지 DNA 두 가닥을 모두 절단하면 감염이 종료됨. (아래) 유전자 편집의 모식도. crRNA와 tracrRNA가 부분적으로 상보결합을 한 복합체를 가이드 RNA(sgRNA, single guided RNA)라고 함. 가이드 RNA와 핵산 분해효소 Cas9 복합체의 작용으로 게놈 편집이 이루어짐.

지를 절단하는 것이 주요 기능이다. 크리스퍼 유전자좌는 긴 크

리스퍼 RNA로 전사된 다음 crRNA라고 하는 작은 RNA로 분할

된다. 잘린 RNA들은 간격서열과 유전자 반복서열을 하나씩 가지고 있다. 파지가 DNA를 세균에 주입하면 간격서열에 그 파지의 DNA 서열을 가지고 있는 crRNA가 상황을 인식하고 파지에 결합한다. 그런 다음 효소가 그 결합을 인식하고 crRNA가 파지와 이중나선을 만드는 지점에서 파지 DNA를 절단하여 분해한다. 그렇게 되면 파지의 운명은 끝난다. 파지 DNA의 복제가 중지되고 감염은 종료되는 것이다.

크리스퍼 시스템이 "게놈 편집" 또는 게놈 변형이라고 불리는 분야에서 이용되면서 중요하게 발견된 것 중 하나가 이중나선 DNA를 절단하는 단백질이다. 침입 DNA는 Cas1을 포함하는 단백질 복합체에 의해 절단되거나 Cas9이라는 단일 단백질에 의해 절단된다. Cas9은 몇 가지 점에서 특이하다. 즉, Cas9은 두 개의 영역을 가지고 있어서, 각각의 영역이 DNA의 한쪽 가닥에 부착할 수 있기 때문에 두 가닥을 모두 절단할 수 있다. 이 단백질이 바로 CRISPR/Cas9 기술의 핵심 기반으로, 세균뿐만 아니라 포유류, 식물, 곤충, 어류 등에서 다양하게 게놈을 변형하고 유전자 변이를 만들 수 있게 한다. CRISPR/Cas9 시스템에서는 Cas9 단백질과 가이드 RNA가 함께 작동한다. 가이드 RNA는 조작하고자 하는 영역과 유사한 서열을 가진 RNA와 tracrRNA(trans-activating crRNA) 복합체이다. tracrRNA는 A군 사슬알균의 크리스퍼 유전자좌 옆에서 발견되었다. tracrRNA는 이 유전자좌의 반복 영역과 상동성을 보이는 부분으로, Cas9 단백질, 그리고 crRNA와 복합체를 형성하여 이를 표적으로 다가가게 하는 작용을 한다.

요약하면 이제 우리는 표적 영역과 동일한 서열을 가진 crRNA와 이 crRNA에 붙는 tracrRNA의 복합체, 즉 가이드 RNA

와 Cas9 핵산 분해효소 단백질을 가지고 있으면 어떤 게놈에서도 돌연변이 유전자를 삽입하거나 특정 유전자를 잘라낼 수 있게 된 것이다.

에마뉘엘 샤르팡티에와 제니퍼 다우드나 연구팀이 2012년 「사이언스」지에 크리스퍼와 관련된 획기적인 연구 결과를 발표했다. 그 후 크리스퍼 방법이 큰 관심을 끌었고, 이 기술이 매우 다양하게 사용될 수 있음을 보여주는 연구들이 쏟아져 나왔다. 예를 들어, dCas(dead Cas)라는 이름이 붙은 Cas9 단백질이 억제 혹은 활성화 단백질과 융합하면 포유동물의 표적 유전자에 부착한 후 유전자를 절단하지 않고 그 유전자를 억제하거나 활성화할 수 있다. 또한 하나의 Cas9과 함께 다양한 가이드 RNA를 사용하면 한 번에 여러 가지의 돌연변이를 생성할 수도 있다.

이렇게 미생물학자들이 세균생리학에 대한 기초연구, 즉 파지에 대한 내성, 여러 게놈에서 발견되는 비암호화 반복서열의 역할, 작은 비암호화 RNA의 역할 등을 규명하는 과정에서 혁신적인 기술이 태어났다. 크리스퍼는 표적 유전자 치료처럼 의학적 응용이 가능할 정도로 생물학의 여러 영역에 혁명을 일으켰다. 이러한 발견에 가장 많이 참여한 연구자들은 이미 여러 곳에서 훌륭한 상을 수상함으로써 그들 연구의 가치를 인정 받았다.[2]

CRISPR/Cas9 기술은 아주 광범위하게 사용될 수 있지만 윤리적으로는 중요한 문제를 제기한다. 우리는 지금 당장 모험적이

---

2 [역주] 독일 막스플랑크 감염생물학연구소 에마뉘엘 샤르팡티에 교수와 미국 캘리포니아대-UC 버클리- 제니퍼 다우드나 교수는 2020년 노벨 화학상을 받았다. 노벨위원회는 "샤르팡티에 교수와 다우드나 교수는 유전자를 원하는 대로 편집할 수 있는 첨단 생물학 기술인 'CRISPR/Cas9 유전자 가위'를 개발해 생명과학 분야의 발전과 난치성 유전질환을 정복할 수 있는 바탕을 마련했다."라고 평가했다.

고 도전적인 유전자 치료를 시작할 수 있는가? 유전자 치료를 시작하기에 앞서 우리는 앞으로 일어날 일에 대해서 충분히 검토해 보았는가? 의도한 돌연변이 외에 뜻하지 않은 돌연변이가 나타나지 않을 것이라고 어떻게 확신할 수 있는가? 최근 이루어진 기술의 발전과 변형 Cas9 단백질의 사용에 윤리적 문제는 없는가? 이 문제는 국제윤리위원회가 관심을 기울이는 중요한 사안이다.

이 장의 용어

크리스퍼(CRISPR)

Clustered Regularly Interspaced Short Palindromic Repeats의 머리 글자를 따서 만든 용어이다. 이 DNA 덩어리는 세균에 있는 것으로, 약 50개의 뉴클레오티드로 이루어진 회문서열과 파지나 플라스미드의 DNA에서 유래한 간격서열이 일렬로 반복해서 나열되어 있다. 어떤 파지가 세균에 처음 들어왔을 때 파지의 공격에서 세균이 살아남게 되면 파지의 DNA 조각을 이 덩어리에 추가할 수가 있다. 나중에 동일한 파지가 재차 침입하면 이것으로 바이러스의 감염을 인식하여 그 바이러스를 재빨리 죽인다. 이 현상은 첫 번째 감염의 "기억"이라고 할 수 있고, 고등동물의 면역반응에 비견된다.

크리스퍼라는 말을 그대로 옮기면, 일정한 간격을 두고(Regularly Interspaced) 회문구조를 갖고 있는 서열(Palindromic)이 반복되는 (Repeats) 집합체(Clustered)라는 뜻이다. 예를 들어 유전자 반복 서열을 A라고 하고 간격서열을 B라고 하면, 크리스퍼 유전자좌는 A-B1-A-B2-A-B3-...와 같은 구조를 가진다. 여기서 B1, B2, B3는 각기 다른 파지 DNA의 서열을 따온 것이다. 나중에 세균에 B1, B2, B3와 같은 서열을 갖는 파지가 들어오면 그 서열을 인식해서 절단하는 것이 CRISPR/Cas9 시스템이다. 즉, 다시 말하면 크리스퍼는 세균의 입장에서 파지의 재침입을 인식하여 대응하는 면역반응인 것이다.

회문이란 앞으로 읽어도 뒤로 읽어도 같은 문장이나 낱말, 숫자, 문자열 등을 말한다. 보통 낱말 사이에 있는 띄어쓰기나 문장 부호는 무시한다. 우리말에서 "소주 만 병만 주소."와 같은 글이 회문이다. 분자생물학에서 말하는 회문서열은 이중나선 DNA나 RNA의 특정 부분을 5′에서 3′ 방향으로 읽었을 때 같은 서열을 보이는 부분을 말한다. 즉, 상보적인 두 가닥의 서열이 동일한 것이다. 가령 제한효소 EcoRI가 인식하는 부위인 5′-GAATTC-3′는 회문서열이다. 이것이 이중나선을 형성하면 다음 그림과 같이 만들어진다.

5′-GAATTC-3′
3′-CTTAAG-5′

이 회문서열 사이에 다른 염기가 몇 개 끼어 있으면 회문서열 두 개가 다음 그림과 같이 머리핀과 같은 구조를 형성할 수 있다(그림. https://en.wikipedia.org/wiki/Palindromic_sequence).

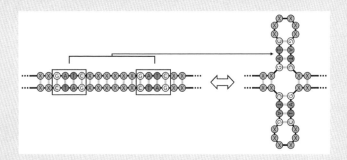

제
5
장

항생제 내성

항생제의 발견

1920년대 말 런던의 성마리아병원에서 포도알균의 특성을 연구하던 알렉산더 플레밍은 휴가를 마치고 돌아왔다. 플레밍은 실수로 여러 개의 배양접시를 열어두고 간 것을 알았고, 그중 하나에 곰팡이가 오염된 것을 보면서 이상한 현상을 관찰했다. 당시 세균 배양은 액체배지나 배양접시를 이용한 한천배지에서 이루어졌다. 포도알균을 키우는 한 배양접시에서 곰팡이가 자라고 있었다. 그런데 곰팡이 주변에는 세균이 자라지 않았고, 다른 곳에서는 세균이 잘 자라고 있는 것을 관찰한 것이다. 그것을 보고 그는 곰팡이가 세균을 죽일 수도 있다고 추론했다. 그 오염된 곰팡이는 *Penicillium notatum*(현재의 명칭은 *P. chrysogenum*)으로 확인되었다. 플레밍은 그 곰팡이에서 얻은 추출물이 포도알균뿐만 아니라 성홍열을 일으키는 A군 사슬알균, 디프테리아균, 폐렴알균,

그리고 뇌수막염을 일으키는 세균에도 효과가 있다는 것을 발견했다. 곰팡이 추출물은 페니실린으로 명명되었다. 플레밍은 1929년 자신의 발견을 발표하면서, 페니실린이 주사제나 도포용으로 세균을 억제하는 데 이용될 수도 있을 것이라고 지나가는 듯이 언급하였다. 그리고 그다음에는 페니실린 연구에 크게 진척이 없었다. 그 이유는 실험하기에 충분한 양의 페니실린을 정제하고 분리하기가 쉽지 않았기 때문이기도 했지만, 비슷한 시기에 나온 설파나마이드를 더 획기적인 것으로 생각하여 과학자들 사이에 페니실린의 효과에 대한 관심이 떨어졌기 때문이었다. 도마크의 설파나마이드는 다음 절에서 설명한다. 10년이 지나서 비로소 호주의 하워드 플로리와 독일의 에른스트 체인이 페니실린을 성공적으로 분리할 수 있었다. 1941년에 실시된 임상시험의 결과는 놀라울 정도로 탁월했다. 1943년 5월 알제리에서 전투 중인 영국군이 처음으로 미국에서 생산된 페니실린 주사를 맞았다. 플레밍, 플로리, 체인은 페니실린 발견과 그 치료적 응용에 대한 공로로 1945년 노벨 생리의학상을 공동으로 수상했다.

플로리와 체인의 연구에 이어 다른 연구자들도 항생제를 발견하는 대열에 뛰어들었다. 셀먼 왁스먼은 수천 개의 미생물을 조사한 결과 새로운 항생제를 하나 찾아냈다. 그 항생제는 페니실린이 모든 세균을 죽이는 성질이 있는 것과 다르게 몇몇 세균만 죽일 수 있었지만, 당시까지 치료 방법이 없었던 결핵에 효과를 보였다는 점이 획기적인 것이었다. 그것이 바로 스트렙토마이신으로, 1944년 토양 미생물인 스트렙토마이세스의 한 종에서 발견되었다. 그 이후로 수천 개의 항생제가 분리되었다.

설파나마이드의 등장

페니실린이 인간에게 사용되기 전부터 다른 항균 화합물들이 연구되고 있었다. 20세기 초, 프론토실과 같은 디아조 염료가 뜻밖에 항균 효과가 있다는 것이 알려졌다. 독일의 생화학자 게르하르트 도마크가 설포나미도크리소이딘(상품명 프론토실)이 생체 내에서 항균 활성을 갖는다는 것을 밝힌 것이다. 이 약물은 계속해서 1935년 파리 파스퇴르연구소의 자크 트레푸엘과 테레즈 트레푸엘 부부, 프레데릭 니티, 다니엘 보베에 의해 연구되어, 활성형인 설파닐아마이드 항생제의 발견으로 이어졌다. 설파나마이드 계열의 항생제 중 하나인 설파닐아마이드는 사슬알균 감염증, 특히 단독이라고 불리는 피부 감염 치료제로 30년 이상 사용되었다. 설파나마이드 계열은 파라아미노벤조산의 유도체로, 세균의 DNA를 형성하는 염기인 퓨린과 피리미딘의 합성을 억제하여 세균을 죽인다. 그렇지만 설파나마이드는 알레르기 반응과 같은 심각한 부작용을 일으킬 수 있다.

게르하르트 도마크는 1939년 프론토실을 발견한 공로로 노벨 생리의학상 수상자로 선정되었지만, 히틀러가 자국의 과학자가 노벨상을 받는 것에 반대했기 때문에 제2차세계대전이 끝난 후인 1947년에 이 상을 받을 수 있었다.

항생제의 작용 방식

항생제는 일반적으로 세균을 표적으로 삼아서 해를 끼치는 화학물질을 말한다. 이런 특성 때문에 항생제는 생체가 아닌 외부에만 사용하는 방부제와는 다르다. 항생제는 세균의 성장을 억제하거나(정균 작용) 세균을 완전히 죽일 수 있다(살균 작용). 현재까지 알려진 항생제는 10,000개 이상이다. 그 가운데 100여 개가 의학에 사용되고 있다.

항생제는 표적에 따라 살균성 또는 정균성을 띤다. 페니실린과 같은 베타락탐 계열의 항생제는 세포벽의 합성을 방지한다. 폴리믹신 B와 같은 사이클릭펩티드 계열의 항생제는 세포막을 변형시켜 세균의 내용물을 누출시켜서 세포의 사멸을 초래한다. 플루오로퀴놀론은 세포에 들어가 세균의 DNA에 부착하여 복제와 전사를 방해한다. 앞에서 언급한 설파나마이드는 DNA 합성의 원료로 쓰이는 화합물과 구조적으로 유사하여, 화학 반응에서 이들 화합물과 경쟁하면서 DNA의 복제를 차단한다. 테트라사이클린과 마크로라이드는 세균의 단백질 합성 단계에 작용하여 세균의 성장을 막는다.

초기의 항생제는 스트렙토마이세스와 같은 세균 또는 페니실리움과 같은 진균에서 자연적으로 생성되었다. 현재는 천연물에서 분리된 화합물을 화학적으로 변형시켜 만드는 경우가 많다. 그래서 이런 항생제들을 반합성 항생제라고 한다. 완전히 화학적으로 합성되는 항생제도 있다.

의료에서 사용되는 항생제는 감염 세균을 표적으로 하되 사람 세포는 공격하지 않아야 하기 때문에 특별히 잘 선택해야 한다. 그렇다고 해도 항생제가 완전히 무해하지는 않으며, 특히 장기간 또는 대량으로 사용하면 부작용이 발생할 수 있다. 또한 항생제 사용은 장내 미생물군집을 변화시켜서 대장염과 설사를 유발

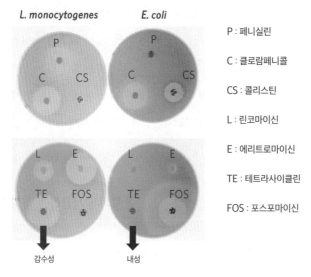

L. monocytogenes   E. coli

P : 페니실린

C : 클로람페니콜

CS : 콜리스틴

L : 린코마이신

E : 에리트로마이신

TE : 테트라사이클린

FOS : 포스포마이신

감수성   내성

그림 11. 항생제 내성 양상을 조사하는 항생제 감수성 검사. 배양 접시에 세균을 고르게 발라서 접종하고, 그 위에 각각의 항생제가 들어 있는 디스크를 올려놓는다. 디스크에 함유되어 있는 항생제는 배지 주변으로 퍼져 나가기 때문에 디스크에 가까울수록 항생제의 농도가 높다. 그래서 세균이 항생제에 영향을 받아서 번식할 수 없거나 죽게 되면 디스크 주변에 세균이 자라지 않은 깨끗한 영역이 나타난다. 항생제에 내성이 있는 세균이라면 디스크 주변에서도 잘 자랄 수 있다.

한다. 페니실린, 세팔로스포린, 설파제 등은 알레르기 반응을 일으킬 수 있다. 그리고 어떤 항생제는 인체 조직에 독성이 있어서 심각한 부작용을 낳기도 한다. 가령 겐타마이신은 청력 상실 또는 신부전을, 스트렙토마이신은 청력 상실을, 플루오로퀴놀론은 심장 질환을 유발할 수 있다. 항생제의 부작용들은 대부분 항생제 사용을 중단하면 해결되지만 항상 그런 것은 아니다.

각 계열의 항생제는 일반적으로 특정한 세균이나 유사한 계통의 세균에만 활성을 보인다(그림 11). 항생제는 제2차세계대전 이후 널리 사용되면서 결핵이나 다른 많은 감염병들의 사망률을 크게 감소시켰다. 그렇지만 항생제가 사람과 동물에게 대량으로 광범위하게 사용되면서 항생제 내성 세균이 나타나기 시작했다.

1960년대 말 처음 발견된 이 현상은 오늘날 세계적으로 주요 관심사가 될 정도로 범위와 규모가 커졌다. 내성 세균의 출현으로 감염병 치료가 막다른 골목에 이르는 것을 우려해야 하는 상황이 된 것이다. 우리는 이런 상황을 피하기 위해 항생제 사용을 제한하고 새로운 해결 방안을 모색하는 연구를 해야 한다.

동물에게 사용하는 항생제

항생제 사용량의 반 정도는 가축에서 질병 치료, 질병 확산의 예방, 그리고 성장 촉진을 위해 사용된다. 프랑스 수의약청이 발표한 보고서에 따르면 프랑스는 2009년 유럽에서 두 번째로 큰 항생제 소비국이었다. 그해 프랑스에서 판매된 모든 항생제의 44%는 돼지, 22%는 가금류, 16%는 소를 사육하는 데 사용되었다. 유럽은 2006년부터 가축의 성장을 목적으로 한 항생제의 사용을 금지했다. 그러나 미국에서는 이러한 목적으로 항생제를 사용하는 것을 계속 허용하고 있다. 특히 2015년의 보고에 따르면, 2010년 미국, 인도, 중국에서 사용된 십만 톤의 항생제 중에 거의 3분의 2가 가축에 사용되었다. 인간과 마찬가지로 동물에게도 항생제를 과도하게 사용하면 세균은 여러 항생제에 대해 내성, 즉 다제내성을 갖게 된다. 가장 심각한 문제는 식용으로 사육된 가축에 이런 일이 발생하면 다제내성을 유발하는 유전자를 가진 플라스미드가 먹이사슬을 통해 직간접적으로 사람에게 병을 일으키는 세균으로 전파될 수 있다는 점이다.

최초의 내성균 출현에서 세계적 공황까지

어떤 세균은 항생제가 세포벽을 뚫고 들어가지 못하거나 항생제의 표적이 없어서 특정한 항생제에 원천적으로 내성을 갖는다. 예를 들어 대장균은 반코마이신에 내성이 있고, 녹농균은 암피실린에 내성이 있으며, 리스테리아는 날리딕신산에 내성이 있다.

그러나 항생제 내성에서 중요한 문제는 그것이 아니다. 문제는, 많은 병원성 세균들이 특정한 항생제에 처음엔 잘 들었으나 내성 유전자를 획득하면 더 이상 그 항생제에 듣지 않게 되는 것이다. 이러한 유전자는 세균이 항생제를 변형시키거나 파괴하는 능력, 세균 자신이 항생제의 표적을 변화시켜버리는 능력, 약물이 세포막을 통과하지 못하게 하는 능력, 항생제를 세포 밖으로 내보내는 능력과 같은 다양한 메커니즘과 관련된 단백질을 암호화한다. 세균이 내성 유전자를 얻는 방법은 여러 가지이다. 첫째, 세균이 단순히 돌연변이를 일으키는 경우이다. 돌연변이는 복제 중에 우연히 생기며, 항생제 내성으로 이어질 수 있다. 그러면 돌연변이가 없는 야생형의 균주는 항생제가 있는 환경에서 살아남지 못하지만, 돌연변이가 있는 세균은 생존할 수 있고, 또 내성 유전자를 주변 환경으로 전파할 수 있다. 다른 시나리오는 다른 세균의 플라스미드에 존재하는 내성 유전자를 수평 전달을 통해서 얻는 방법이다. 이것은 접합이라는 현상을 통해 이루어진다. 접합은 내성 유전자를 포함하는 플라스미드 DNA가 세균이 내는 선모라는 관을 통해 한 세균에서 다른 세균으로 직접 전달되는 것을 말한다. 세균이 획득하는 내성의 약 80%는 접합으로 플라스미드가 전달되어 생긴다.

플라스미드는 종종 여러 내성 유전자들을 가지고 있다. 이 내성 유전자에 의해 암호화되는 단백질은 어떤 작용을 하는가? 세균이 항생제에 저항할 수 있도록 하는 메커니즘은 무엇인가? 거기에는 여러 가지 시나리오가 있다. 플라스미드를 가지고 있는 세균은 항생제를 변형하거나 파괴하여 비활성화시키는 효소 단백질을 생성할 수 있다. 또, 내성 플라스미드는 세균이 가지고 있는 항생제의 표적을 변형시키는 단백질을 암호화할 수 있고, 이렇게 변형된 표적은 더 이상 항생제의 작용을 받지 않게 된다. 내성 유전자는 항생제가 세포막을 투과하지 못하도록 할 수도 있다. 마지막으로, 일단 항생제가 세균 안으로 들어가면 항생제를 외부로 내보내는 단백질 펌프를 작동시켜서 내성이 될 수도 있다.

접합에 의해서 플라스미드가 전달되는 것 말고도 형질전환을 통해 수평적으로 유전자 전달이 이루어지기도 한다. 어떤 세균은 경우에 따라서 DNA 수용성*을 갖추기도 한다. DNA 수용세포는 일반적으로 외부의 환경으로부터 DNA를 받아들일 수 있다. 이 DNA들은 대부분 죽은 세균에서 유래한 것이다. 이러한 유형의 유전자 전달은 폐렴알균에서 잘 알려져 있다. 자연적인 형질전환에 의해 외부 DNA를 획득할 수 있는 세균은 40종 이상 알려져 있다. 유전자 전달에 대한 내용은 7장에서 잘 설명하고 있다.

항생제에 대한 내성은 병원 환경에서 자주 나타난다. 프랑스의 예로 보면, 병원이라는 곳은 사람에게 쓰이는 항생제 전체의 절반 정도가 처방되는 곳이다.

항생제 내성 세균 중에서 가장 심각한 문제 중 하나가 메티실린 내성 황색포도알균이다. 황색포도알균은 페니실린이 처음 발견된 당시에는 페니실린에 모두 감수성이었다. 그러다가 곧 페니실린에 내성을 보이기 시작하여 지금은 거의 모든 황색포도알균이 페니실린에 내성이다. 이런 세균에 대항하는 항생제로 개발된 것으로 황색포도알균이 내는 페니실린 분해효소를 회피할 수 있는 항생제가 있다. 그것이 메티실린을 포함한 반합성 페니실린 제제이다. 그런데 1960년대에 메티실린에 내성을 보이는 세균이 처음으로 나타난 후 현재는 그 세균이 전 세계적으로 광범위하게 퍼져 있다. 메티실린 내성 황색포도알균이 그것이다. 이 세균은 특히 중환자실에 입원해 있는 환자에게 폐렴이나 혈류감염을 잘 일으킨다. 이런 세균에 의한 감염은 더 오래 지속되고 사망률도 더 높다. 황색포도알균 중에서 메티실린 내성 균주에 감염된 환자는 메티실린에 듣는 균주에 감염된 환자보다 사망률이 63% 더 높다. 또 항생제 내성은 집중 치료와 장기 입원을 필요로 하기 때문에 의료비를 증가시키기도 한다.

녹농균이 카바페넴 계열의 항생제에 점차 내성을 갖게 되면서 병원 감염 혹은 의료관련 감염을 더 많이 일으키게 되었다. 특히 이 세균은 폐의 낭포성 섬유증 환자에게 감염을 더 잘 일으키고 이들 환자가 폐렴으로 사망하는 주요 원인이 된다. 폐렴과 수막염을 일으키는 *Acinetobacter baumannii*는 본래 자연적으로 DNA 수용성이 있어서 다양한 항생제에 내성을 획득하면서 의료관련 감염으로 더 빠르게 확산하고 있다.

병원 환경을 벗어나 일상생활을 하는 중에 노출될 수 있는 내성 세균은 페니실린 내성 폐렴알균과 광범위 베타락탐 항생제 분해효소를 만드는 장내세균(예, 대장균과 폐렴막대균)이 있다. 이런 세균은 여러 종류의 베타락탐 항생제에 내성을 보인다. 대장균은 비뇨기 계통의 감염을 일으키는 경우가 많은데, 과거에는 아목

시실린으로 쉽게 치료되었으나 이 항생제에 내성을 갖게 되면서 이제는 세팔로스포린으로 치료해야 한다.

결핵은 처음에는 스트렙토마이신으로 치료했지만, 지난 수십 년 동안 네 종류의 항생제, 즉 이소니아지드, 리팜핀, 피라지나마이드, 에탐부톨의 조합으로 6개월간 치료하는 방법이 확립되었다. 결핵균은 성장이 느린 세균이다. 그리고 세균이 환자의 대식세포 안에서 증식하고, 감염 부위가 약물이 도달하기 어려운 육아종이라는 단단히 응집된 구조를 형성하고 있다. 그래서 이와 같은 오랜 기간의 치료가 필요한 것이다. 결핵균이 결핵의 1차 치료제인 이소니아지드나 리팜핀에 내성을 보이는 경우가 있다. 이는 주로 충분한 기간을 두고 치료하지 않았거나 함량이 낮은 항결핵제를 사용해서 생긴다. 내성 결핵은 2차 치료제를 처방할 수 있지만 가격이 비싸고 2년 동안 장기간 복용해야 하며 심각한 부작용으로 인해 약물 치료를 지속하지 못하는 수도 있어서, 이래저래 치료가 쉽지 않다.

어떤 경우에는 더 심각한 결핵이 발생하기도 한다. 위 두 약제, 즉 이소니아지드와 리팜핀 모두에 내성인 결핵이 바로 그것이다. 이런 결핵을 다제내성 결핵이라고 한다. 이러한 결핵 환자는 주로 중국, 인도, 러시아에 많은데, 이들 나라에서는 환자에 대한 추적 관찰이 결핵 관리가 잘 이루어지고 있는 선진국보다 좋지 않다. 그래서 내성 결핵 환자는 전 세계 어디에나 있긴 하지만, 특히 결핵 관리 수준이 취약한 나라에서 심각해 보인다.

더욱이 다제내성 결핵에 더해서 추가로 다른 약제에 대해서도 내성을 보이는 광범위 약제내성 균주가 관찰되고 있는데, 이런 환자들은 특히 면역억제 환자에게서, 또 개발도상국에서 많이 나타나고 있다.

해결 가능성과 희망

제2차세계대전 후 항생제는 과거에 치명적이었던 세균 감염을 별것 아닌 것으로 만들면서 빠르게 의학의 발전을 견인해 왔다. 항생제는 시간이 오래 걸리는 큰 수술, 장기이식, 그리고 항암화학요법과 같은 치료를 받은 환자들의 생존율을 크게 높였고, 면역결핍 환자의 감염병 치료에도 큰 성과를 보였다. 그러나 항생제 내성은 이제 치료하기 어렵거나 심지어 치료가 불가능한 의료관련 감염을 증가시키고 있다. 우리는 정말로 항생제 이전의 시대로 되돌아가고 말 것인가?

항생제의 황금기는 1990년대 초에 새로운 항생제 연구와 개발 속도가 둔화되면서 저물기 시작했다. 그때까지는 항생제 세균 내성이 널리 퍼지지 않았지만 과학자들은 항생제 내성 세균의 증가를 보면서 피할 수 없는 결과를 예견하기 시작했다. 2002년 프랑스 국민건강보험은 "항생제, 무조건 쓰는 것이 아니에요!"라는, 무분별한 항생제 사용을 막자는 캠페인을 시작했다. 그 목적은 바이러스 감염에는 항생제의 사용을 절대 금하고, 세균 감염의 경우에만 적절한 항생제를 사용하도록 홍보하는 것이었다. 그 결과 프랑스의 항생제 소비가 15% 감소했다. 항생제 내성에 대한 대중의 이해를 넓히기 위해서 2010년 두 번째 캠페인이 시작되었다. "항생제를 잘못 사용하면 효능이 없어집니다!"라는 슬로건이었다. 오늘날은 프랑스뿐 아니라 전 세계의 의료기관에서 엄격한 위생

관리와 함께 항생제의 사용을 제한하면서 내성 세균의 확산을 막는 일에 주력하고 있다.

내성이 생긴 세균과는 어떻게 싸울 것인가? 새로운 항생제를 개발하여 싸울 것인가? 물론 그것은 우리 모두의 꿈이다. 하지만 이를 위해서는 광범위한 연구 개발이 필요한데, 안타깝게도 제약 회사는 이를 최우선 순위에 두지 않는다. 앞서 말했듯이 최고의 항생제들은 토양의 세균이나 진균에서 발견되었다. 우리가 이러한 미생물들을 실험실에서 키울 수 있었고, 또 그 배양 환경에서 그 미생물들이 항생제의 속성을 보이는지를 확인할 수 있게 되면서 지금까지 우리는 항생제를 많이 발견할 수 있었다. 그러나 그런 미생물들이 이제는 새로운 항생제의 공급원으로서는 거의 고갈된 듯하다. 우리의 환경은 실험실에서 배양할 수 있는 세균들뿐 아니라 지금까지의 기술로는 실험실에서 배양할 수 없었던 세균들로 가득 차 있다. 최근에는 완전히 새로운 항생제인 테익소박틴이 발견되었다. 테익소박틴은 지금까지 알려지지 않았던 그람음성 세균인 *Eleftheria terrae*에 의해 만들어진다. 이 세균은 새로운 속에 속하는, *Aquabacterium*과 유사한 세균이다. *Eleftheria terrae*는 원래 배양이 불가능한 것으로 생각되었는데, 토양과 유사한 성분을 가지도록 만든 배지에서 배양할 수 있었다. 테익소박틴은 포도알균, 장알균과 같은 그람양성 세균이나 결핵균에 아주 효과적이다. *Clostridioides difficile*이나 탄저균에 대해서도 활성을 보인다. 대부분의 그람음성 세균에는 별 효과가 없었다. 테익소박틴은 세균이 세포벽의 펩티도글리칸을 합성하기 위한 원료인 지질에 부착하여 세균을 억제한다. 많은 연구 결과는 세균이 이 항생제에 쉽게 내성을 획득하지는 못한다는 것을 보여준다. 지금까지 시장에

출시된 항생제 중에서 최후의 보루라고 여겨지는 항생제는 1956년에 나온 반코마이신이다. 반코마이신에 대한 내성은 항생제를 생산하는 균주인 *Amycolatopsis orientalis*와 가까운 균주로부터 유전자를 전달받은 다른 균주에서 처음 생겼지만, 이때는 항생제를 사용하기 시작한 지 약 30년이 지난 때였다. 테익소박틴도 이와 비슷한 상황이라면 좋겠다고 기대하고 있다.

새롭게 시도되는 항생제 개발 전략은 과거 수많은 세균 배양을 통해 체로 치듯이 걸러내는 노동집약적인 과정을 개선할 수 있을 것이다. 연구자들은 세균 배양액에서 나오는 모든 화합물의 효과를 조사하고 있다. 예를 들어 스튜어트 콜 연구팀은 벤조티아지논이 항산균의 세포벽 성분 중 하나인 아라비난의 합성을 억제함으로써 결핵균을 죽인다는 사실을 발견했다. 벤조티아지논 유도체인 PBTZ169는 베다퀼린, 피라지나마이드와 상승작용을 하는 매우 유망한 항생제이다.

또 다른 접근법은 포유류 세포에는 없고 세균의 생존에는 필수적인 단백질의 기능을 억제하고자 하는 것이다. 그와 같은 단백질을 암호화하는 필수 유전자는 세균의 생존에 반드시 필요하고 세균을 죽이지 않고는 돌연변이를 일으킬 수 없는 유전자이다.

마지막으로, 위에서 잠깐 언급했고 또 7장에서 자세히 설명할 정족수 인식을 억제하는 방식은 어떻게 해서든지 감염병을 극복해 보려고 하는 연구자들의 꿈이다.

정족수 인식(quorum sensing, 쿼럼 센싱)의 억제

세균들 중에는 자신들의 집단이 고밀도로 존재할 때만 독성인자를 발현하는 세균들이 많다. 이 세균들은 세포 표면에 위치한 수용체를 통해서 다른 세균에 의해 생성되는 자동유도물질이라는 분자를 감지한다. 자가유도물질을 감지하는 행위는 세균이 독성인자를 발현하거나 빛을 내고자 할 때 주변의 동료들이 충분한 수가 되는지를 확인하는 장치이다. 이렇게 원하는 효과를 내기에 충분할 정도로 주변에 동료가 많은지를 감지하는 능력을 정족수 인식이라고 한다.

정족수 인식은 병원성 세균이 독성을 내는 것을 조율하는 행위이기 때문에 이를 억제한다는 것은 곧 독성을 억제한다는 것이다. 따라서 정족수 인식을 억제하려면 세균이 신호분자를 생성하는 효소를 비활성화하거나, 해당 분자에 대한 세포 표면의 수용체를 비활성화하거나, 신호 메커니즘을 방해해야 한다. 신호 메커니즘을 방해하여 정족수 인식을 억제하는 것은 콜레라에서 입증되었다. 7장에서 정족수 인식에 대해 자세히 설명할 것이다.

정족수 인식의 독특한 형태로, 세균에 의해 생성된 펩티드가 이러한 단백질을 생성하지 않는 다른 세균에 대한 무기로 작용하여 그 세균의 자살을 유도하는 경우가 있다. 공격하는 세균이 내는 독소는 표적 균주의 mRNA를 파괴하는 핵산 분해효소이다. 일반적으로 표적 균주는 이 효소로부터 자신을 보호하기 위해 항독소를 생성하지만, 주변에 공격자가 넘치고 그들이 내는 펩티드가 넘치면 표적 세균이 스트레스를 받는다. 스트레스를 받은 펩티드 비생산자는 항독소 생성을 중단하게 되고, 이어서 공격하는 세균의 독소가 자신을 파괴하게 된다. 펩티드를 사용해 세균을 죽이는 시스템은 아직 잘 알려지지 않았다.

파지 요법

파지 요법이 새롭게 주목 받고 있다. 이 기술은 세균을 공격하는 바이러스인 박테리오파지를 세균에 감염시켜 세균을 제거하는 것이다. 이 방법에는 몇 가지 장점들이 있다. 박테리오파지는 매우 특수해서 특정한 균주만을 감염시키고, 부작용이 없으며, 빠른 행동으로 즉각적인 결과를 낳는다. 하지만 박테리오파지는 세균 이외의 다른 세포에는 침투할 수 없기 때문에 세포 내 세균에 의한 감염을 치료하는 데는 적합하지 않다. 파지 요법은 일반적으로 피부 도포용으로 사용된다.

파지 요법은 항생제가 발견되기 전에는 세계적으로 널리 사용되었다. 그 이후에는 조지아와 같은 구 소비에트연방 국가를 제외하고는 거의 사용되지 않았다. 그러다가 1990년부터 이 기술이 신중하게 재검토되기 시작했다. 파지가 녹농균 감염을 줄임으로써 피부 이식의 성공률을 높일 수 있다는 것이 알려진 후 파지 요법에 대한 관심이 되살아난 것이다. 최근의 연구들에서 이 전략의 효과가 검증되면서 세균을 박멸할 수 있는 파지를 자유롭게 사용할 필요성이 제기되고 있다. "파지 라이브러리"를 풍부하게 보유하고 있는 기관들로는 조지아의 엘리아바박테리오파지연구소, 폴란드의 허츠펠트면역치료연구소 등 몇몇 기관들이 있다.

파지 요법은 프랑스나 다른 유럽 국가에서는 여전히 불법이다. 프랑스 시장에 출시되려면 프랑스 방위사업청 또는 유럽연합에서 승인한 연구 결과를 기다려야 한다. 유럽에서는 2013년에 파고번*이라는 공동 프로젝트가 시작되었다. 이 프로젝트는 유럽연합 제7차 연구개발 프레임워크 프로그램으로부터 자금을 지원받았다. 이 프로젝트의 목표는 화상 환자에서 대장균과 녹농균으로 인한 국소 감염을 파지 요법으로 치료한 효과를 평가하는 것이다. 현재 프랑스, 벨기에, 스위스의 주요 화상 치료병원에서 시행되고 있는 이 연구는 가치 있는 결과를 보여주리라 기대된다.

파지는 예방적으로도 사용할 수 있다. 예를 들면 익히지 않은 음식은 세균 오염 가능성이 있으므로 날것을 파지로 처치하여 집단 식중독을 예방하고자 하는 것이다. 2006년 미국식품의약국은 식품을 처리하고 식품의 리스테리아 오염을 방지하기 위해 파지 사용을 승인했다. 하지만 아직까지 이 과정에 사용이 허가된 개별 파지는 없다.

델로비브리오, 왜 안되는가!

또 다른 접근법은 특수한 항생 세균을 이용해 세균을 죽이는 것이다. 장내 미생물군유전체의 일부인 *Bdellovibrio bacteriovorus*

는 대장균 또는 *Acinetobacter baumannii*와 같은 세균들만 공격하는 작은 그람음성 세균이다. 델로비브리오는 숙주 세균의 외막을 관통하여 외막과 내막 사이의 공간인 원형질막공간에 서식하면서 성장하고 분열하여 델로플라스트가 된다. 델로비브리오가 세균을 공격하는 마지막 단계는 충분히 많은 수로 번식한 세균이 숙주인 세균를 뚫고 환경 속으로 빠져나오는 것이다. 과연 우리는 살아있는 항생 세균으로 델로비브리오를 활용할 수 있을까? 과학자들은 현재 이 살아있는 항생균을 항생제와 함께 사용하면 화상과 같은 피부에 외용 연고로 사용할 수 있으리라 본다.

우리는 현재 대전환의 시대, 즉 더 이상 항생제 내성이 생기는 것을 막고 새롭고 효과적인 치료 전략을 개발하기 위해 모든 노력을 기울여야 하는 중요한 시대에 살고 있다.

이 장의 용어

파고번(Phagoburn)

프랑스의 제약회사 페레시데스 파마는 2013년부터 2017년까지 파고번(Phagoburn)이라는 임상시험을 진행했다. "파고번(phagoburn)"이라는 이름은 화상 부위의 세균 감염을 파지로 치료한다는 뜻을 내포하고 있다. 파고번의 주요 목표는 대장균과 녹농균을 공격하는 파지 여러 종을 섞은 파지칵테일을 화상 부위에 발라 감염 억제에 효과가 있는지 알아보는 것이었다. 실험은 프랑스와 벨기에의 9개 병원에서 수행되었다. 하지만 파지 치료법이 세균 수를 줄이는 데 표준 치료법보다 덜 효과적이라는 것이 밝혀지면서 실험이 조기 종료되었다.(https://en.wikipedia.org/wiki/Phagoburn)

DNA 수용성(competence)

어떤 세균은 특정 성장기나 특정 성장 조건에서 환경에서 DNA를 흡수할 수 있다. DNA 수용세포는 원래 용어로는 "competent cell"이며, 세균이 주변의 환경, 예를 들면 죽은 세균에 있는 DNA를 받아들여 자신의 염색체에 통합할 수 있는 능력을 가진 세균을 말한다. 문헌을 아무리 검색해 봐도 이 경우에 사용된 "competent"라는 용어의 번역어를 찾을 수 없었다. 그래서 여기서는 역자 임의로 "DNA 수용세포" 혹은 DNA 수용성이라는 말로 번역하였다. 어떤 세균은 원래부터 자연적으로 DNA 수용성을 갖기도 하고, 어떤 세균에 인공 처리를 하면 그와 같은 성질이 생기기도 한다. 인공 처리는 일반적으로 화학적 방법과 전기적 방법이 있다.

화학적 방법은 음이온인 DNA가 음전하를 띠는 세포막 인지질을 통과할 수 있도록 칼슘 양이온으로 처리하는 방식이다. 전기적 방법은 음이온인 DNA가 짧고 높은 전압 하에서 순간 이동되는 사이 세균을 관통하도록 하는 전기천공법이다. 어떤 세균이 DNA 수용성을 가지고 있어 외부의 DNA를 받아들임으로써 자신의 유전 형질이 바뀌는 것을 형질전환이라고 한다.

제2부

세균의 사회생활 :
미생물 사회학

제
6
장

생물막: 세균의 단합

진핵생물과 원핵생물의 중요한 차이점 중 하나는 핵이 있고 없다는 것 이외에 자손을 만드는 방식이 다르다는 점이다. 세균이나 고균과 같은 원핵생물은 분열할 때 동일한 두 개의 딸세포를 만든다. 반면 진핵생물은 우리가 아는 동·식물처럼 분화된 조직과 기관을 가진 매우 복잡한 다세포 생명체를 형성한다. 다세포생물은 세포가 분열할 때 반드시 동일한 세포를 만들지는 않는다. 고등 생물체의 각 세포는 똑같은 DNA를 갖고 있지만 모든 유전자가 모든 세포에서 발현되지는 않는다. 발생 과정에서 고등 생물체의 세포는 특정한 조직과 기관을 형성하도록 특화되어 분화하기 때문이다.

"생물막"은 1978년 존 코스터튼이 처음으로 명명했다. 생물막 현상은 세균들 각자가 독립적으로 생활하는 것이 아니라 여러 세균들이 모여서 특정 형태의 다세포성으로 생활하는 방식이다. 우리는 이제 이것이 거의 모든 세균의 자연스러운 삶의 방식이라는 것을 알게 되었다. 루이 파스퇴르와 로베르트 코흐 시대에 시작된 고전 미생물학에서는 세균을 일반적으로 "플랑크톤" 성장으로 알려진 방식으로 배양하고 연구하였다. 플랑크톤 성장이란 세균에 필요한 영양이 풍부하게 제공되는 액체배지에서 순수배양할 때 세균이 성장하는 방식이다. 그러나 이러한 배양 조건은 세균이 보통 자연에서 성장할 때 마주치는 조건과는 확연히 다르다. 세균들은 각각의 세균이 처한 조건에 따라 플랑크톤 형태로 성장하거나 혹은 이와는 생리적으로 전혀 다르게 생물막을 형성하여 성장한다(그림 12).

생물막은 세균이 어떤 표면에 닿으면 형성된다. 거기서 세균은 표면에 부착하고 세포 밖으로 기질(매트릭스)을 분비하여 막을 형성하고, 그 안에서 세균들이 함께 성장한다. 생물막은 특별한

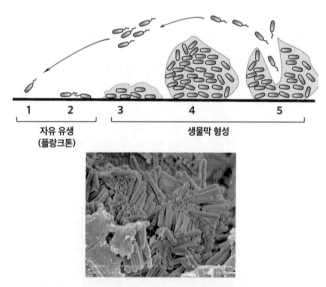

그림 12. (위) 세균이 자유 유생 생활과 생물막 형성을 순환하는 모식도. (아래) 전자현미경으로 찍은 생물막 이미지.

구조를 형성하는 복잡한 공동체이다. 생물막은 한 종의 세균으로 구성될 수도 있고, 여러 종의 세균들로 형성되기도 한다. 자연에서 생긴 생물막에는 진균과 아메바가 들어있기도 하다. 생물막 안에 있는 세균들은 기질을 이루는 화합물 복합체를 생성한다. 기질은 생물막의 응집력을 유지하고, 외부 환경으로부터 세균들을 보호하고, 구성원들 사이에서 특정한 성질을 발현하도록 자극하고, 세균들 사이에 상승작용이 일어나게 한다. 생물막 속의 세균은 플랑크톤 생활을 하는, 즉 다시 말하면 자유 유생하는 세균보다 과산화수소, 표백제 또는 다른 소독제에 더 강한 저항력을 지닌다.

또한 생물막의 구성원들은 항생제에 강한 내성을 가지기 때문에 의료 환경에서 점점 더 많은 문제를 야기하고 있다. 생물막은 화학적으로나 생물학적으로 활성이 없는 표면에서 성장하면서 표면과 접촉하는 음식이나 그 외의 모든 것을 오염시킨다. 치아표면 생물막은 충치나 치은염을 유발한다. 인공관절과 같은 보철물이나 의료기기에도 생물막을 형성한다. 또 카테터 내부에 생물막을 형성하여 환자에게 주입되는 주사액을 오염시키기도 한다.

어떤 생물막의 기질에는 다당류가 포함되어 있다. 다당류는 세균에 의해 생성된 고분자 당이다. 생물막에는 또 죽은 세포들의 DNA나 셀룰로오스도 있다. 가령 살모넬라는 식물만큼이나 효율적으로 셀룰로오스를 생산한다. 그리고 생물막은 투과성이 있어서 물이나 액체, 영양소 등을 통과시킨다. 모든 면에서 생물막은 살아있는 구조물이다.

생물막의 형성과 성숙

생물막 형성은 아주 중요한 연구 주제이다. 생물막의 형성은 두 단계의 과정을 거친다. 우선은 접촉하는 단계이고, 그다음은 성숙하는 단계이다.

운동성 세균이 선모를 통해 표면을 감지하면, 선모가 편모의 회전을 억제하여 세균의 움직임을 줄인다. 정지한 세균은 세포 밖으로 분비할 다당류를 더 많이 만들어낸다. 다당류는 세균의 한쪽 극단에 위치하여 세포를 표면에 비가역적으로 달라붙게 하는 역할을 한다. 이것이 *Caulobacter crescentus*와 식물 병원균인 *Agrobacterium tumefaciens*에서 일어나는 일이다. 이 반응에서 세균의 호르몬 역할을 하는 사이클릭 di-GMP 신호분자가 작용한다.

세균의 운동성을 막는 또 다른 수단은 토양 세균인 고초균에서 관찰되었다. 고초균이 표면과 접촉하면 편모에 당이 첨가되어 편모의 회전 능력이 억제된다. 이 세균은 온도나 pH에 따라서 생물막 형성에 관여하는 복잡한 조절 시스템을 갖고 있다. 일단 세균이 표면에 부착하면 거기서 성장하고 분열하며, 기질을 분비하여 생물막을 만든다.

생물막은 대부분의 세균에게 자연스러운 삶의 방식이다. 하지만 세균이 이처럼 생물막을 형성하게 되면 여러 분야에서 문제가 생긴다. 예를 들어, 의학에서는 생물막이 항생제나 각종 소독제의 침투를 막아서 병원균을 제거하기 어렵게 하고, 의료기구에 병원균이 오염되어 생물막을 형성하면 좀처럼 오염균을 없애기가 쉽지 않다. 산업에서는 재료의 부식이 문제가 된다. 어떤 생물막은 광물을 침착시키기도 한다. 농업이나 식품산업에서도 문제가 된다. 리스테리아는 우유 용기를 철저하게 세척하면 없어진 것처럼 보이다가도 용기 내부의 생물막에서 생존하여 몇 년 후 다시 나타나는 경우가 있다. 생물막은 식수를 오염시키거나 수도관의 유지 관리에 문제를 일으킬 수도 있다.

그러나 생물막의 형성은 가역적이다. 어떤 조건에서는 세균들이 생물막을 형성하는 것보다 따로따로 생활하는 것이 더 유리할 수 있다. 그래서 생물막을 형성하고 있던 세균들이 독립적으로 생활하는 "플랑크톤" 성장의 형태로 돌아가기도 한다. 미생물들이 적절한 표면에 부착하여 생물막을 형성하면 단세포인 미생물들이 대규모의 사회를 이루어 생활하게 되지만, 그것이 미생물들이 단합하는 유일한 형태는 아니다. 한편, 구성이 훨씬 덜 조직적이고 더 유연한 형태의 또 다른 미생물 집단이 있다. 바로 "미생물총"이라는 것이 그것이다(9장 참조).

제
7
장

세균의 의사소통: 화학적 언어와 정족수 인식

세균들은 생물막과 같은 미생물군집 내에서 서로 소통한다. 그들이 말을 주고받는 것이다. 상상이 되는가? 세균은 주변 환경에 복잡한 분자들을 방출하여 화학적인 신호를 낸다. 동시에 그들은 세포막이나 세포 안에 있는 감지 장치를 통해서 주변에 있는 신호분자의 농도를 측정한다. 이를 통해 실제로 주변에 있는 다른 세균의 수를 알 수 있다. 이 현상을 정족수 인식이라고 한다.

자연에서는 수많은 세균이 함께 살고 있고, 다양한 신호분자를 만들어낸다. 세균들이 내는 화학적 신호가 다르면 다른 종의 세균들 사이에 주고받는 말을 알아들을 수 있는 것일까? 일부 세균은 두 개 혹은 여러 개의 언어를 사용하면서 서로 다른 방식으로 다른 신호에 반응한다. 그래서 동일한 세균들(형제 사이) 또는 비슷한 세균들(사촌 간)을 인식할 수 있다. 같은 종의 세균들끼리만 반응하는 신호가 있는가 하면, 같은 속의 여러 세균들이 반응하는 신호도 있어서 속 수준의 세균들이 상호 반응하기도 한다.

정족수 인식은 어떻게 작용하는가? 이것은 단세포생물인 세균들 여러 개가 마치 하나의 다세포 생명체인 듯 서로서로 조화롭게 행동할 수 있게 한다. 예를 들어 병원성 세균은 숙주의 즉각적인 면역반응을 억제할 수 있을 만큼 세균의 무리가 커졌을 때 비로소 독성인자를 생성하고 감염을 일으킨다. 그래야 숙주의 면역반응을 이겨내고 성공적으로 숙주에서 생존할 가능성이 커진다. 그래서 세균은 단독으로 행동하지 않고 마치 다세포 생명체의 일부인 것처럼 집단으로 행동하는 것이다(그림 13).

정족수 인식은 병원성 세균에서만 보이는 현상이 아니다. 어떤 발광세균은 집단으로 존재할 때만 빛을 낸다. 사실 정족수 인식 현상은 발광세균, 특히 오징어에 서식하는 비브리오에서 처음 발견되었다(9장 참조).

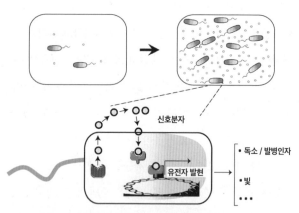

그림 13. 정족수 인식 효과의 모식도. 세균들은 신호분자를 환경으로 방출한다. 주변의 세균들은 표면이나 내부 환경에 있는 세포 수용체를 통해 신호분자를 인식한다. 그다음에는 그에 대한 반응으로 독성인자나 빛을 생성할 수 있는 분자들을 합성한다.

정족수 인식을 차단하여 감염을 예방한다

현재 설사의 치료에 사용되는 대장균 Nissle 균주는 신호분자인 AI-2를 생성한다. 두안화펑 연구팀은 이 대장균에 또 다른 정족수 인식 분자인 CAI-1을 균주에 도입했다. 그 목적은 분자 수준에서 콜레라균의 독성 유전자를 억제하기 위한 것이었다. CAI-1이 도입된 대장균을 마우스에 노출시킨 다음 콜레라균을 감염시켰더니, 대장균에 노출되지 않은 마우스에 비해서 생존율이 90% 증가했다. 이 연구는 정족수 인식을 차단하여 감염을 치료할 수 있음을 보여준다.

세균이 신호를 전달하기 위해 사용하는 화학물질은 그렇게 복잡한 분자가 아니다. 호모세린 락톤처럼 세균의 대사산물에서 유래한 간단한 분자이거나 혹은 붕소와 같은 희귀 화학원소를 포함하는 약간 복잡한 분자이다. 그람양성 세균의 신호분자는 보통은 매우 작은 펩티드로 되어 있으며, 여러 방식으로 변형되기도 한다.

정족수 인식에 관한 연구는 세균, 특히 항생제 내성균과의 싸움에서 큰 희망을 준다. 정족수 인식에 개입할 수 있다면 우리는 분명 세균들이 서로를 인식하고, 또 집단 안에서 상호작용을 하는 것을 방해할 수 있을 것이다. 예를 들어, 우리가 녹농균이 서로를 인식하지 못하도록 하는 분자를 발견한다면 이 세균이 병원균이 되는 것을 막을 수 있다. 녹농균은 폐의 낭포성 섬유증 환자에게는 아주 치명적인 병원균이지 않은가?

불가피한 죽음: 자살인가, 타살인가?

어떤 종의 세균은 다른 종의 세균이 강제로 자살하도록 유도할 수 있다. 공격자는 독소, 즉 5개의 아미노산으로 이루어진 작은 펩티드를 환경에 방출한다. 대장균의 EcEDF가 한 예이다. 공격당하는 세균은 일반적으로 독소의 작용을 차단하는 항독소를 만들어서 독소로부터 자신을 보호한다. 그러나 공격자가 많아서 외부의 펩티드가 많아지면 공격을 당하는 세균이 스트레스를 받아서 항독소가 분해되고 만다. 그렇게 되면 피해자는 독소의 작용을 막지 못하여 세포 자멸사 또는 "세포 자살"이라는 운명을 걷게 된다. 이 메커니즘은 항생제의 잠재적 대안으로 큰 관심을 받고 있다.

정족수 인식 시스템 중에는 특정 종의 세균들이 합세하여 다른 종의 세균들을 죽이는 시스템, 즉 다른 종의 세균들이 강제로 자살하도록 하는 시스템이 있다. 물론 세균이 동료 세균을 죽이는 데 사용하는 방식이 이것뿐만은 아니다. 자세한 내용은 8장에서 설명할 것이다.

더 흥미로운 것은 세균이 신호분자를 세포 안으로 끌고 들어오기도 한다는 것이다. 즉, 신호분자의 수용체가 세포 표면이 아니라 세포 안에 존재할 수도 있다는 말이다. 신호분자가 내부로 이동할 때는 세포막을 수동적으로 통과하거나 세균의 작용에 의해 능동적으로 흡수된다. 세균은 신호분자 외에도 유전자 전달 과정을 통해 동료 세균으로부터 유전 물질을 끌어 들이기도 한다.

96

유전자 전달: 접합, 형질전환, 나노튜브의 형성

세균은 접합이라는 과정을 통해서 염색체 단편이나 플라스미드와 같은 유전 물질을 교환할 수 있다. 접합은 세균이 다른 세균에 부착하는 선모를 생성하고, 이 선모를 통해서 DNA가 한 세포에서 다른 세포로 건너가는 현상이다. 이런 방식으로 내성 유전자가 퍼진다. 또 병원성 섬이라고 하는, 독성 유전자를 지닌 커다란 DNA 조각이 한 균주에서 다른 균주로 전달될 수도 있다.

형질전환은 "DNA 수용" 세균, 즉 직접 DNA를 흡수할 수 있는 세균이 주변에 있는 죽은 세균에서 유래한 DNA를 받아들이는 현상을 말한다.

최근에 세균이 나노튜브, 즉 화합물의 교환이 이루어질 수 있는 아주 미세한 관을 형성할 수 있음이 밝혀졌다. 그러나 이러한 구조는 지금까지 나노튜브 형성을 조절하는 유전자가 발견되지 않았기 때문에 다소 논란의 여지가 있다.

제
8
장

세균들 사이의 전쟁

모든 생명체들의 생존 투쟁에서 적자, 즉 주어진 환경에 가장 빠르게 잘 적응하는 개체가 유리하다는 것은 당연하다. 이것이 적자생존이고 자연선택이다. 획득한 특성은 후대에 전달되어 진화가 일어나고 새로운 종이 만들어진다. 찰스 다윈은 세균에 대해 잘 알지는 못했지만, 그의 이론은 세균에도 쉽게 적용될 수 있다. 갈라파고스 제도에서 다윈이 관찰한 핀치새처럼 세균의 세계도 끊임없이 환경에 적응하고 진화한다.

진화는 가장 잘 적응하는 세균을 선택한다. 항생제나 박테리오파지와 같은 외부 물질이 세균을 공격할 때 생존하고 번성하는 균주는 항생제에 대한 내성을 빠르게 획득하거나 파지에 대해 스스로 "백신 접종"을 함으로써 자신을 가장 잘 보호할 수 있는 균주이다. 항생제와 파지만이 세균을 공격하는 것은 아니다. 세균은 다른 세균들의 공격에 의해 죽을 수도 있다. 예를 들어, 우리는 앞에서 작은 공격자인 델로비브리오가 다른 세균에 침입하여 그 안에서 증식한 후 빠져나오면서 숙주 세균을 파괴해 죽일 수 있다고 말했다. 그러나 더 교묘한 전략이 존재한다. 우리는 정족수 인식으로 공격하는 세균이 방출한 작은 펩티드에 "반응"해서 공격을 당하는 세균이 자멸하는 현상을 알아보았다. 이 상황에서 표적 세균이 펩티드에 의해 스트레스를 받게 되면 펩티드의 항독소 생성도 멈추게 되고, 이는 결국 세균의 자살로 이어진다.

어떤 세균들은 "박테리오신"이라고 하는 독소를 환경에 배출한다. 박테리오신의 종류는 대단히 많다. 박테리오신은 세포자멸사를 유도하지 않고 표적 세균을 직접 죽이는 독소이다. 세균이 서로를 죽이는 또 다른 방법에는 세포들 사이에 물리적 접촉을 통해서 일어나는 것이 있다. 최근에 세균이 VI형 분비시스템을 사용해서 싸움을 하는 매우 정교한 시스템이 발견되었는데, 이는 마치 펜싱의 치명적인 결투를 연상시킨다. 여기에 대해서는 이 장의 뒷부분과 그림 14에서 설명한다.

박테리오신 유전자는 대개 세균이 독소를 세포 밖으로 방출하기 위해 세균 자신의 세포벽을 용해하는 단백질 유전자와 가까이 있다. 그리고 박테리오신으로부터 세균 자신을 보호하는 면역단백질 유전자와도 가까이 위치한다.

박테리오신은 1925년 대장균에서 처음 확인되어 콜리신으로 명명되었다. 두 번째는 *Lactococcus lactis*에 의해 생산된 것으로, 1927년 발견되어 니신으로 명명되었다. 니신은 *Listeria monocytogenes* 세균에 대해 매우 효과적이어서, 식품 첨가물(E234)이나 그 외 육류 혹은 다른 식품의 방부제로 사용된다.

박테리오신

박테리오신들은 환경으로 방출되는 세균 단백질로서 다른 세균에게는 독소로 작용한다. 사실 그들은 매우 강력한 항생제이며 종류도 다양하다. 박테리오신은 일반적으로 세 영역으로 구성되어 있다. 표적 세균의 수용체에 부착하는 중심 영역, 표적에 침투할 수 있도록 하는 영역, 그리고 표적 세포를 죽이는 영역이 그것이다. 대개 표적 세균의 수용체는 영양물질을 흡수하는 통로이다.

그람음성 세균의 박테리오신은 활동 범위가 상당히 좁고, 대부분 자신과 유사한 세균에 대해 작용한다. 그람음성 세균은 보통 표적 세균의 막에 구멍을 뚫어 내부 물질이 유출되게 해서 세균을 죽인다. 또 어떤 것은 핵산 분해효소로, 표적 세균의 DNA와 RNA를 분해한다. 그람양성 세균의 박테리오신은 표적 세균의 세포벽 안에서 확산되어 들어가기 때문에 그람음성 세균보다 작용하는 표적의 범위가 훨씬 더 넓다. 그람양성 세균 중에서 젖산균, 즉 당을 발효해서 젖산을 생성하는 세균은 네 가지 군으로 분류되는 다양한 박테리오신을 생산한다. 란티바이오틱스, 열에 강한 작은 펩티드, 용균성 혹은 비용균성으로 세균을 죽이는 열에 약한 단백질, 그리고 고리형 펩티드의 4종류가 그것이다. 란티바이오틱스는 치즈 생산과 관련해서 낙농산업에서 중요하기 때문에 많이 연구되었다. 니신도 란티바이오틱스에 속한다.

다음 페이지 연결

박테리오신을 생산하는 세균은 면역단백질에 의해 그 자신이 박테리오신으로부터 보호된다. 예를 들면, *Bacillus amyloliquefaciens*는 바네이즈라고 하는 광범위 박테리오신인 세균성 리보핵산 분해효소를 만든다. 바네이즈(barnase)라는 이름은 세균(bacteria)의 리보핵산 분해효소(RNase)라는 말이다. 이와 동시에 "barstar"라는 단백질을 만들어서 바네이즈로부터 자기 자신을 보호한다. 그러나 모든 세균이 자신의 박테리오신에 대한 면역단백질을 가지고 있는 것은 아니다.

세균 간 접촉에 의한 성장의 억제

박테리오신은 세균에 의해 환경에 분비되어 퍼지므로 공격당하는 세균이 꼭 가까이 있을 필요가 없다. 하지만 10년 전 발견된 현상인 세균 간 접촉에 의한 성장 억제 시스템은 다른 세균들과 생존을 위해 경쟁하는 도구로, 세균 간의 접촉이 있어야 한다. 어떤 세균은 표면에 CdiA를 지니고 있다. CdiA는 표적 세균의 BamA 수용체에 작용하는 독소이다. 세포와 세포가 접촉하면 박테리오신이 독소를 절단하여 CdiA-CT라는 독소를 분비하고, 이 독소는 표적 세균에 침투하여 DNA와 RNA를 분해한다. 그리고 세균 내부의 화합물과 상호작용하여 독소를 활성화하기도 한다. 그렇지만 CdiA를 생성하는 세균 자신은 CdiA-CT를 억제할 수 있는 단백질 CdiI가 있어서 보호받는다. 이와 같이 접촉을 통해서 주변 세균의 성장을 방해하는 체계와 비슷한 것으로 Rhs 시스템이라는 것도 있다.

VI형 분비계: 공격과 반격

세균이 환경으로 단백질을 분비하거나 또는 인접한 세균이나 진핵세포로 단백질을 직접 전달하는 메커니즘은 I형부터 VII형까지 일곱 가지의 유형이 있다. VI형 분비계는 가장 최근에 알려진 것 중 하나로, 2006년 콜레라균에서 처음 발견되었다. 그리고 폐의 낭포성 섬유증 환자에서 심각한 감염을 일으키는 녹농균, 위궤양을 일으키는 헬리코박터, 그 외에 사람에게 감염을 일으키는 다양한 세균들, 또 식물을 감염시키거나(예, *Agrobacterium*) 식물과 공생하는 세균(예, *Rhizobium*)들도 VI형 분비계를 가지고 있다는 것이 확인되었다. VI형 분비계는 세균들 사이에 서로를 죽일 수 있고, 여러 종류의 세균들이 살아가는 생물막에서 서로 경쟁할 수 있는 도구가 된다.

VI형 분비계는 주사기 모양의 세포 소기관으로, 일종의 나노머신이라고 할 수 있다. 모양은 그림에서 보는 것처럼 마치 세균 세포막의 안쪽 막에 주사기의 기저부가 있고 세균 내부에 밀대(피스톤)가 있는 모양이다. 이 나노머신은 펩티도글리칸층을 관통하고 있고, 속이 빈 밀대는 수축되는 성질이 있어서 세균 내부에 위치하고 있다가 표면 밖으로 확장되어 인접한 세균 또는 진핵세포에 침투할 수 있다(그림 14). 인접 세포에 침투한 나노머신은 "효과기(이펙터)" 단백질인 독소나 효소를 주입하여 세포벽과 세포막을 녹이거나 진핵세포의 액틴을 변형시킨다. VI형 분비계는 세포막을 천공하는 것만으로 표적 세균을 죽일 수도 있다. 녹농균(*Pseudomonas aeruginosa*)과 *Pseudomonas putida*의 혼합 배양에서 녹농균은 VI형 분비계를 활용하여 경쟁자인 *Pseudomonas*

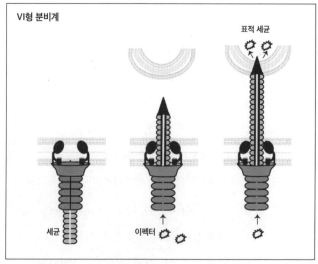

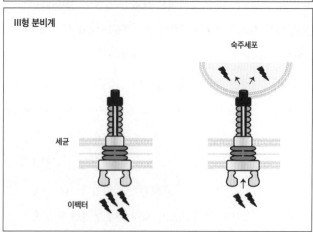

그림 14. VI형 분비계와 III형 분비계.

*putida*를 공격하여 사멸시킬 수 있다.

VI형 분비계의 놀라운 특징은 다른 세균의 VI형 분비계에 의해 활성화되는 이른바 "눈에는 눈, 이에는 이" 전략, 즉 받은 만큼 되돌려주는 전략이라고 할 수 있다. VI형 분비계의 공격을 받은 세균은 그 자신의 VI형 분비계로 반격한다. 이 현상은 녹농균이 경쟁자인 콜레라균과 *Acinetobacter baylyi*와 항균 결투를 벌이는 과정에서 발견되었다. 녹농균이 VI형 분비계가 있으면 다른 세균을 더 잘 죽일 수 있다. 즉, 다른 공격자 세균의 VI형 분비계가 녹농균의 분비계를 활성화시키는 것이다. 장내 미생물총처럼 다양한 미생물들이 함께 존재하는 환경에서 일어나는 일에 대한 연구 결과가 충분하지는 않지만, VI형 분비계가 복잡한 미생물 공동체와 그 공동체의 항상성에 깊이 연관되어 있음은 잘 알려져 있다.

제 9 장

세균과 동물의 공생

이 지구상의 모든 생명체가 눈에 보이지도 않는 세균과 미생물군집의 도움으로 살아간다는 사실은 과거에는 상상할 수 없는 일이었다. 이건 정말 충격적인 사실로, 우리의 사고를 획기적으로 전환시키는 계기가 되었다. 미생물군집 공동체는 구성과 크기 면에서 끊임없이 변화하면서, 생명체의 생리와 병리에서 여러 가지 중요한 역할을 한다. 미생물 공동체는 배아의 발생 초기부터 죽을 때까지 인간의 삶에 지대한 영향을 미친다.

고전 미생물학에서는 세균이 살아가는 자연의 환경과는 전혀 다른 상태인 액체나 고체의 인공배지에서 세균을 배양하면서 연구했다. 그러나 그러한 연구 방식으로 키울 수 있는 세균은 우리의 환경에 존재하는 미생물의 1%도 안된다. 바꾸어 말하면, 나머지 99%의 세균에 대해서는 연구할 수도 없었고, 어떤 역할을 하는지도 알 수 없었다는 말이다.

20세기 말이 되면서 기술의 발전에 힘입어 환경미생물 학자들은 생태계에 존재하는 모든 세균 집단을 하나하나 배양하지 않고도 있는 그대로 한꺼번에 연구하는 방법을 찾아냈다. "군유전체학적" 혹은 "메타유전체학적" 접근법이 그것이다. 군유전체학*은 고용량 DNA 염기서열 분석을 기반으로 하여 특정 집단 안에 있는 모든 DNA를 분석한다. 이 새로운 분자생물학적 접근법은 인간과 크고작은 동물에서는 물론이고 그 외 다양한 환경에서 집단적으로 살아가는 세균과 고균의 군집에 대한 연구를 가능하게 했다. 그 결과 과학자들은 다양한 지역, 다양한 식습관, 다양한 건강 상태의 사람들, 항생제 치료 전후의 사람들, 그리고 여러 연령대에 있는 사람들에게서 존재하는 미생물군집의 특성을 파악할 수 있었다. 이렇게 완전히 새로운 미생물학 분야, 즉 하나하나의 세균을 배양하고 동정하는 대신 군집 안에 있는 모든 유전체를 조사하여 그 안의 미생물 조성을 파악하는 연구 분야가 등장하면서, 공생 미생물은 어디에나 존재하고 생명체의 생존에 매우 중요하다는 것을 알게 되었다. 미생물들은 공생 미생물이 살아가는 터전을 제공하는 숙주에게 숙주가 필요로 하는 다양한 영양소를 제공한다. 그뿐만 아니라 숙주를 병원체로부터 보호하는 데 중요한 역할을 하기도 한다.

미생물총이라는 용어는 특정 환경에 존재하는 미생물 무리의 집합체를 말한다. 이와 달리 미생물군유전체라는 용어는 특정 미생물총을 구성하는 정확한 종이 무엇이든 간에 그 미생물들을 포함한 그 환경 안에 있는 모든 유전자와 특성, 다시 말하면 특정 미생물총을 특징으로 하는 전체의 환경을 의미한다. 미생물총은 종종 그들이 삶의 터전으로 삼고 있는 생명체에 이로운 수많은 화합물을 생성한다.

물오징어와 발광세균의 협업

오징어 *Euprymna scolopes*는 태평양의 얕은 물에 사는 작은 연체동물이다. 이 오징어는 낮에는 모래 속에 파묻혀 살다가 밤에는 작은 새우를 먹이로 사냥한다. 이때 오징어의 포식자는 달빛 아래 해저에 드리워진 오징어의 그림자로 사냥감을 찾는다. 오징어는 이 포식자를 피하기 위해 독창적인 자기 보호 수단을 발전시켰다. 오징어의 몸 아래쪽에는 빛을 내는 세균인 *Vibrio fischeri*로 가득 찬 발광기관이 있다. 여기에 있는 세균은 아래쪽 모래를 향해 빛을 비추어 오징어의 그림자가 나타나지 않게 한다. 밤이 거의 끝날 무렵이면 오징어는 낮 동안 모래를 파고 들어가기에 앞서 발광기관에서 대부분의 세균을 방출한다. 이어서 12시간 동안 발광기관에 남은 세균은 발광기관에서 생성된 영양분을 공급받아 증식한다.

과학자들은 최근 이 비브리오균 또는 이들이 생성하는 빛이 오징어의 일주기 생체리듬에 어떤 영향을 미치는지에 대해서 연구하였다. 미국의 마가렛 맥폴-응아이 연구팀은 오징어의 *escry1* 유전자가 비브리오균이 있으면 활성화되지만 그 세균이 없으면 활성화되지 않는다는 것을 발견했다. *escry1* 유전자는 오징어의 일주기 생체리듬에 관여하는 것으로 알려진 크립토크롬 계열의 단백질 유전자를 조절한다. 마찬가지로, *escry1* 유전자는 세균이 존재하지만 빛을 내지 않으면 활성화되지 않고, 오징어에 세균이 내는 것과 같은 파장의 빛을 주면 활성화된다. 세균이 빛을 내는 것은 정족수 인식과 관련이 있어서, 세균 수가 일정 수준으로 늘어나야만 빛을 방출한다. 다시 말하면, 날이 어두워져서 오징어가 다시 먹이를 사냥하기 위해 모래 밖으로 나와야 할 때가 되면 비로소 세균 수가 충분히 많이 증식하여 빛을 낼 수 있게 된다는 의미이다.

이 현상은 매우 인상적이다. 세균이 자신에게 서식처를 제공하는 숙주동물의 생물학적 리듬을 제어할 수 있다는 것을 보여주기 때문이다. 사람도 *escry1*과 유사한 *cry1* 유전자를 가지고 있다. 그런데 이 유전자가 세균에 의해서 조절되는지는 아직 알 수 없다. 자연에는 비브리오와 오징어의 관계처럼 단순하지도 않고 눈에 잘 띄지도 않는 공생관계가 아주 흔하다. 사람과 동물 모두에게 유익하기는 하지만 반드시 필요한 것은 아닌 공생관계도 있다. 식물에도 공생관계가 존재한다. 곤충에서 광범위하게 연구되어 온 공생관계인 "세포 내 공생"은 다른 동물의 삶에도 영향을 미친다.

장내 미생물총

우리는 이미 수년 전부터 인간의 장에 10^{14}개의 세균, 즉 신체 자체를 구성하는 세포 수보다 열 배나 많은 세균이 있다고 생각해 왔다. 최근 한 논문에서 이러한 추정이 지나치게 높은 것이라고 주장했지만, 한 사람의 몸 안에 있는 세균이 인간의 세포 수(10^{13})만큼만 존재하더라도 그 수는 여전히 많은 것이라고 결론지었다. 이 숫자는 신체의 여러 위치에 존재하는 다양한 미생물총을 합한 것이다. 그중 장내 미생물총이 대표적으로 가장 많이 연구되었다. 그 밖에도 피부나 질, 입안 등 여러 부위에 미생물총이 분포되어 있다.

장내 미생물총에 대한 우리의 지식은 알려진 세균의 종과 유전자 전체의 정확한 목록을 만들 수 있는 군유전체학 기술이 등장하면서 크게 발전했다. 이 기술을 사용하면 미생물을 모두 분리 배양하지 않고도 미생물총에 있는 모든 생명체의 DNA를 분석할 수 있다. 이렇게 해서 얻은 자료는 대변 배양으로 얻은 자료보다 훨씬 많다. 배양 방법은 혐기성 배양을 포함하더라도 기껏해야 해당 조건에서 성장할 수 있는 극히 일부의 세균만을 확인할 수 있기 때문이다.

현재는 주로 검체에 있는 원핵생물의 16S 리보솜 RNA로 전사되는 DNA 영역을 증폭하여 염기서열을 알아내는 방법을 쓴다. 이렇게 해서 얻은 결과에 따르면, 장내 미생물총은 주로 다섯 개의 문에 속하는 세균, 즉 *Firmicutes*(60-80%. 주로 클로스트리디움과 락토바실러스가 포함됨), *Bacteroidetes*(20-40%), *Actinobacteria, Proteobacteria*, 그리고 *Verrucomicrobia*(점액을 분해하는 세균인 *Akkermansia*가 포함됨)로 이루어져 있다. 장관은 장 세포가 두꺼운 점액층으로 덮여 있기 때문에 장내 미생물총의 세균이 세포와 직접 접촉하지는 않는다.

미생물총에 대한 연구 결과가 처음 발표되었을 때 많은 질문이 쏟아져 나온 것은 당연하다. 미생물총의 구성은 모든 개인들에게 동일한가? 미생물총이 한 사람의 생애 주기에 따라 변화하는가? 미생물총의 구성이 바뀌는 데는 어떤 요소가 작용하는가? 그리고 무엇보다도 미생물총의 역할은 무엇인가? 이러한 질문들에 답하기 위해 수많은 연구자들이 이 분야에 적극적으로 참여하고 있다.

장내 미생물총이 만들어내는 것들

소화기 안에 서식하고 있는 세균들이 소화 작용을 돕고 있다는 것은 오래전부터 알려져 왔다. 특히 장에 있는 세균들은 소화의 마지막 단계에 개입한다. 장내 미생물총에 포함되어 있는 세균은 효소를 만들어서 음식을 소화시키고, 당을 가수분해하고, 일부 소화되지 않은 잔여물을 발효시켜 결장의 상피세포가 흡수할 수 있는 화합물로 바꾼다. 세균이 만든 산물에는 숙신산이나 젖산과 같은 유기산과 아세테이트, 프로피오네이트, 부티레이트와 같이 중요한 에너지원으로 쓰이는 짧은사슬지방산이 있다. 짧은사슬지방산은 병원균이 생성하는 독성인자의 발현을 조절하여 병원성 세균이 장관에서 집락을 형성하는 것을 제어한다. 짧은사슬지방산은 장관의 세포에서 후성유전학적 변화*를 일으키는 것으로도 알려졌지만 그 결과가 어떻게 나타나는지는 아직 명확하지 않다. 장관에 있는 세균은 비타민 B, 비타민 K와 같이 숙주에 도움이 되는 많은 대사산물을 합성한다.

장내 미생물총의 변화

태아의 장관은 무균 상태로, 태어날 때까지는 세균이 정착하지 않는다. 신생아가 태어나면서 처음으로 접촉하는 외부 환경인 산모의 질 미생물총이 신생아의 미생물총 구성에 영향을 준다. 그래서 신생아의 장내 미생물총은 생후 첫 2년 동안 출생 당시의 환경에 따라, 출산이 자연 분만인가 제왕절개인가에 따라, 그리고 무엇보다도 중요한 식단(모유 수유, 우유)에 따라 많은 영향을 받는다. 신생아가 성장하면서 미생물총은 면역계의 성숙과 뇌의 발달에도 영향을 준다. 이 주제에 대해서는 아주 주목할 만한 연구가 있다. 바로 장내 미생물총과 뇌의 발달 사이의 관계에 대한 것이다. 이 연구는 미생물총이 성인의 행동에 영향을 미칠 수도 있음을 시사한다. 마우스를 대상으로 한 연구에서 미생물총이 불안과 운동 기능에 영향을 미치는 것으로 나타난 것이다. 이런 이유로 장관은 종종 "제2의 뇌"라고 불리기도 한다.

건강한 사람은 미생물총의 구성이 매우 다양한 반면, 영양실조나 병에 걸린 사람은 다양성이 떨어진다는 것이 알려졌다. 미생물총이 다양하다는 것은 무엇을 의미하는가? 다양한 미생물총에는 어떤 세균이 포함되어 있는가? 최근 유럽인 22명, 일본인 13명, 미국인 4명 등 여섯 나라의 39명을 대상으로 한 군유전체 비교 연구에서 흥미로운 개념이 등장했다. 특정 국가나 대륙에 관계없이 일반적으로 나타나는 미생물 구성의 유형이 있다는 것이다. 장내 미생물 유형 1은 *Bacteroides* 균주가 우세하다. 유형 2는 *Prevotella*와 *Desulfovibrio*가 많다. 유형 3은 *Ruminococcus*와 *Akkermansia*가 풍부하다. 여기서 유형 3의 두 세균은 점액을 분해할 수 있는 세균들이다. 점액은 장의 상피세포를 덮는 다당류 층이다. 이처럼 장내 미생물총의 유형을 세 가지로 구분하는 것은 처음에는 그럴듯해 보였지만 지금은 너무 경직된 개념인 것으로 판명되었다. 최근의 연구에서 한 명의 건강한 개인을 1년 동안 분석한 결과, 각 개인에서도 미생물총이 여러 유형으로 달라져서 특정인이 특정 유형에 속한다는 개념이 올바르지 않다는 결론을 내린 것이다. 미생물총에서 세균의 분포는 계속해서 변하고 있다. 사실상 서로 다른 미생물총의 연속이라고 볼 수 있는 것이다.

그럼에도 불구하고 각 개인이 가지고 있는 미생물총은 상대적으로 안정적이다. 그렇다면 생후 첫해에 획득한 미생물총이 개인을 영원히 특징지을 수 있는가? 아마도 그럴 것이다. 미생물총은 개인들에게 매우 잘 적응되어 있어서 항생제 치료로 파괴된 후에도 다시 비슷하게 회복되는 것으로 보인다. 세균은 아주 복원력이 강한 생명체이다. 또한 최근 연구에 따르면 우세한 공생 세균은 강한 염증반응을 일으키는 항균 펩티드에 내성을 보이기 때문에 잘 살아남는다. 공생 세균인 그람음성 막대균의 세포벽에 있는 지질다당류가 변형되어 이처럼 강한 생존력을 보일 수 있다고 한다.

개인의 미생물총은 일종의 신분증처럼 개인별로 독특한 것이라고 할 수 있다. 장관 속의 세균은 대부분 수년 동안 그곳에 남아 있다. 미생물총의 안정성은 개개인의 체중이 어느 정도 일정하다는 것과도 관련이 있다. 하지만 미생물총은 나이와 식단에 영향을 받으면서 일생에 걸쳐서 변화한다. 이것은 세계의 여러 지역에서 관찰되는 미생물총이 서로 많이 다르다는 사실을 어느 정도 설명해준다. 그리고 사람이 나이가 들어감에 따라서 미생물의 다양성도 축소된다. 또 미생물총은 마른 사람과 과체중인 사람에게서 다르고, 크론병이나 궤양성 대장염과 같은 장의 염증성 질환이 있는 환자에게도 매우 다르다.

비만과 신진대사

미생물총은 비만 연구의 주요 주제였다. 10년 전 세인트루이

114

스의 워싱턴대학에 있는 제프리 고든 그룹은 비만한 마우스와 정상 체중을 가진 마우스에서 장내 미생물총이 다르다는 것을 보여주었다. 비만한 마우스에서 *Firmicutes*가 많아지고 *Bacteroidetes*가 현저하게 줄어든 것을 관찰한 것이다. 비만한 마우스의 미생물총은 음식물의 에너지를 체중 증가에 더 효과적으로 사용한다. 이 연구는 장내 미생물의 구성을 바꾸는 것이 새로운 비만 치료법이 될 수 있음을 암시한다. 그리고 일부 국가에서 여전히 가축의 성장을 촉진시키기 위해 항생제를 식품첨가물로 사용한다는 사실과도 연관된다. 항생제는 동물의 장내 미생물 구성을 변화시킬 것이고, 그래서 미생물총이 음식물을 더욱 잘 활용하도록 할 수도 있을 것이기 때문이다. 하지만 이와 관련된 연구 성과는 아직 미흡하다.

일란성 쌍둥이를 대상으로, 한 사람은 비만이고 한 사람은 정상 체중을 가진 쌍에 대해 흥미로운 연구가 이루어졌다. 쌍둥이의 배설물을 실험용 마우스에 먹인 결과, 비만인 사람의 미생물을 섭취한 마우스의 미생물총은 그 사람과 마찬가지로 *Firmicutes*가 우세해졌다. 이 세균은 체중 증가를 유도하고 체지방을 축적시키는 작용을 한다. 또한 마우스는 배설물을 먹는 습성이 있는데, 비만한 마우스와 정상 체중인 마우스를 함께 사육했을 때 주목할 만한 결과가 나왔다. 비만한 마우스가 마른 마우스의 대변에 있는 미생물총으로부터 *Bacteroidetes*를 획득하여 체중이 감소한 것이다.

최근의 마우스 연구에서는 마우스의 장내 미생물총이 생애 초기에 형성된 이후에는 미생물총의 구성이 안정된다는 것이 밝혀졌다. 또 이 연구에서 생애 초기에 저용량의 페니실린을 투여받으면 대사 변화를 일으켜 비만해지기 쉬운 소인이 생기고, 면역과 관련된 유전자에도 영향을 미칠 수 있다는 것을 보여주었다. 다른 자료를 보면 사람의 경우도 마우스와 다르지 않다는 것을 알 수 있다.

최근의 한 주목할 만한 연구에 따르면, 카르복시메틸 셀룰로오스 또는 폴리소르베이트 80과 같은 식품 첨가물은 경미한 염증과 비만을 일으키고 당뇨병 전 단계와 같은 대사증후군을 유발했다. 연구자들은 이러한 효과가 미생물총의 구성이 바뀌면서 일어나는 것이라고 주장했다.

미생물총과 면역체계의 자극

공생 세균은 면역체계에 의해 이물질로 인식되지 않는다. 즉, 침입자를 파괴하는 면역체계의 반응이 일어나지 않는 것이다. 장 점막의 고유층에 있는 대식세포와 수지상세포는 공생 세균이 만들어내는 화합물을 무시한다. 그것들을 "못 본 체하는 것"이다. 반면에 병원성 세균에는 반응을 한다.

오히려 공생 세균은 면역세포가 깨어 있도록 지속적으로 숙주의 면역계를 자극하여 병원균에 대한 면역반응을 강화한다. 미생물총은 C형 렉틴, REG3-감마, REG3-베타, 알파 디펜신과 같은 항균 펩티드를 생성한다. 미생물총은 항체생성 세포를 자극하고 림프조직을 성숙시킨다. 특히 미생물총의 중요한 역할은 T 림프구가 Th17 림프구로 분화하고 성숙하도록 자극하는 것이다. Th17 림프구는 점막 장벽을 유지하는 데 중요하며, 점막 표면에서 병원체를 없애는 데도 기여한다. 이런 작용으로 병원성 세균은

장관에 존재하는 분절형 사상균

독립적으로 진행된 두 연구에 따르면, 클로스트리디움과에 속하는 분절형 사상균이 장의 점막 고유층에서 Th17 세포의 분화를 유도하는 것으로 나타났다. Th17 세포는 사이토카인 IL-17과 IL-22를 분비한다. 분절형 사상균을 가진 마우스는 IL-22의 작용으로 항균 단백질을 만들기 때문에 *Citrobacter rodentium* 감염에 더 저항력이 있다. 마우스에서 *Citrobacter rodentium*은 사람으로 치면 장병원성 대장균과 비슷한 병을 일으키는 세균이다. 분절형 사상균은 얼마 전까지만 해도 실험실에서 배양할 수 없는 세균이었지만 지속적인 배양 기술의 발전으로 배양할 수 있게 되었다. 이 세균에 의한 B 림프구 자극 메커니즘도 곧 밝혀질 것이다.

장 점막을 통과하기가 어렵게 된다.

Th17 림프구 분화는 시트로박터의 감염에 취약한 마우스의 미생물총을 연구하면서 알려졌다. 시트로박터는 대장균과 같은 장내세균과에 속하면서 사람과 마우스에 병원성을 보인다. 마우스가 Th17 림프구를 생성하도록 하는 세균은 클로스트리디움과 유사한 무산소성 세균인 분절형 사상균 "*Candidatus* Arthromitus"로 확인되었다. 최근에는 기술이 진보하면서 실험실에서 배양할 수 없었던 이 세균을 세포와 함께 배양할 수 있게 되었는데, 공생 세균이 장에서 생리적 염증을 자극하는 역할을 한다는 것이 밝혀진 것이다.

미생물총, 병원성 세균, 그리고 장내 미생물의 불균형

무균 마우스나 항생제 투여로 장내 미생물총이 없어진 마우스는 보통의 마우스보다 감염에 훨씬 취약하다. 장내 미생물총의 보호막이 사라졌기 때문이다. 미생물총이 숙주를 보호하는 방법에는 여러 가지가 있다. 공생 세균은 장관을 통해서 병원균이 침입할 수 있는 공간을 선점한다. 우세한 공생 세균들은 제한된 영양소를 두고 새로 들어오는 병원성 세균과 경쟁하기 때문에 병원성 세균이 먹을 것을 남겨두지 않는다. 또 항생제나 박테리오신 같은 항균 물질을 만들기도 하고 침입한 세균을 죽일 수 있는 박테리오파지를 방출할 수도 있다.

병원성 세균은 침입의 첫 과정으로 상피세포에 부착하기 위해 장 상피를 덮는 두꺼운 점액층을 통과해야 한다. 장내 미생물총은 여기서도 자기 몫을 한다. 숙주는 미생물총에 있는 공생 세균들이 분비하는 화합물에 반응하여 점액을 생성한다. 이 현상을 설명해주는 실험 결과가 있다. 장내 미생물총이 없는 무균 마우스는 일반 마우스보다 점액층이 훨씬 얇은데, 이 마우스에 세균이 만들어내는 특정한 화합물을 투여하면 점액 생성이 정상으로 회복되는 것을 보여주었다.

세균에 따라서는 장관의 장벽 역할을 보다 강화하는 균종도 있다. 예를 들면 *Bifidobacterium longum*은 장의 투과성을 조절하는 펩티드와 숙주의 방어력을 높이는 짧은사슬지방산을 분비하여 장관의 방어력을 높인다.

이렇게 장내 미생물총은 여러 가지 방법으로 병원성 공격으로부터 장 조직을 보호한다. 하지만 미생물총의 어떤 세균들은 감염을 조장할 수도 있다. 최근 마우스에서 공생 세균인 *Bacteroides thetaiotaomicron*이 감염에 큰 영향을 미칠 수 있는 석시네이트(호박산염)의 생성을 유도한다는 것이 밝혀졌다. 예를 들어 마우스의 *Citrobacter rodentium* 장염의 경우, 마우스의 장관에 공생 세균인 박테로이데스가 존재하면 사이트로박터 세균에 의한 감염이 더 잘 일어난다. 미생물총이 국소 부위의 감염을 조장할 수도 있다는 것이다. 이 사실은 장염으로 자주 고생하는 사람과 그렇지 않은 사람의 차이를 설명할 수 있을 것이다. 또 다른 연구는 *Clostridioides difficile*이 *Bacteroides thetaiotaomicron*에 의해 생성된 석시네이트를 사용한다는 사실을 보여주었다. *Clostridioides difficile*은 솔비톨과 같은 탄수화물이 장내 미생물총의 발효로 대사된 석시네이트를 부티레이트(낙산염)로 변환하여 *Clostridioides difficile* 자신이 장관에서 서식처를 확보하는 데 도움을 받는다.

장내 미생물 불균형과 대변이식

과학자들은 최근 장내 미생물총 세균 구성의 불균형에 많은 관심을 쏟고 있다. 장내 미생물 분균형이란 장내에 보통 상재균으로 존재하는 세균들이 아닌 병원성 세균이나 또는 일반적으로 병원성은 아니지만 상재균과 영양소 경쟁을 함으로써 상재균의 성장을 방해하는 세균들이 장관 내에 많이 분포되어 있는 상황을 말한다. 장내 미생물 불균형이 생기면 숙주에서 감염이 생기고 또 감염이 지속될 수 있으며, 다른 사람에게까지 감염이 전파될 수 있는 위험을 높인다.

오늘날 세균은 우리가 쓰는 항생제에 대한 내성을 점점 더 많이 갖게 되었다. 새로운 항생제의 발견은 과거에 비해서 현저히 속도가 떨어지고 있다. 균형 잡힌 미생물총이 감염의 발생과 진행을 막고, 또 우발적으로 주변에 감염을 퍼뜨릴 기회를 미리 없앤다는 사실을 감안하면, 개개인이 건강한 미생물총을 가지도록 하는 시도는 개인에게뿐만 아니라 공동체에도 좋은 일이 될 것이다. 이러한 전략은 재발성 *Clostridioides difficile* 감염 환자에게 이미 시도되었다. 건강한 기증자의 미생물총을 투여받은 환자는 반코마이신 항생제만으로 치료받은 경우보다 치료 성공률이 더 높았다. 하지만 부적합한 미생물총이 이식될 위험을 완전히 배제할 수가 없다는 사실이 이와 같은 시도를 조심스럽게 만든다. 정상 미생물총에 존재하는 세균 중에서 *Clostridioides difficile*과 같은 세균의 성장을 가장 잘 저해하는 세균은 무엇일까? 이 질문에 대한 답을 찾기 위해 마우스를 서로 다른 여러 항생제로 치료한 다음 *Clostridioides difficile*에 노출시켜 보았다. 그 결과 감염에 대해서 저항성을 보인 경우는 미생물총에 *Clostridium scindens*가 있는 경우였다. 이 세균은 담즙을 분해하여 *Clostridioides difficile* 감염에 불리하게 작용하는 대사산물을 생성하는 세균이다. 이 결과는 *Clostridium scindens*가 풍부한 미생물총이나 2차 담즙산이 대변이식의 효과를 높일 수 있음을 보여준다.

미생물총과 식단

최근의 연구에서는 인간의 생활방식이 바뀌면서 식단이 달라지면 장내 미생물총도 빠르게 변화한다는 것이 밝혀졌다. 실험에서는 성인을 대상으로 5일 동안 두 가지 다른 식단의 식사를 제공했다. 육류, 계란, 치즈로 구성된 동물성 식단과 곡물, 과일, 채소가 풍부한 채식 식단을 각각 제공한 것이다. 육식을 제공받은 사람은 담즙에 내성인 세균(*Alistipes, Bilophila, Bacteroides*)의 비율이 높아졌고, 식물성 다당류를 대사하는 *Firmicutes*(*Roseburia, Eubacterium rectale, Ruminococcus bromii*)의 수가 줄어들었다. 이런 미생물 구성의 차이는 초식동물과 육식동물에서 관찰된 차이와도 비슷했다. 또 다른 연구에서는 식단과 관련된 미생물군의 변화가 나이가 들면서 건강이 저하되는 요인과 관계가 있다는 것도 부분적으로 밝혀졌다.

미생물총과 생체리듬

하루 24시간을 주기로 하는 일주기 생체리듬은 소화기계의 기능, 특히 영양소의 흡수와 세포의 증식, 운동성, 대사 활동 등을 조절하는 데 중요한 역할을 한다. 예를 들어 야간근무 근로자들이 소화 불량을 호소하는 것도 생체리듬이 깨졌기 때문에 생기는 현상이다. 우리는 미생물총이 장의 평형을 유지하는 역할을 한다는 것을 알고 있다. 이 장의 앞부분에서는 잠깐 공생 세균이 생리적 염증을 유발하여 병원성 세균의 침입을 막는다는 것을 언급한 바 있다. 우리 몸의 세포에서 생리적 염증을 담당하는 것이 Toll 유사 수용체이다. 최근 연구에서 일주기 리듬이 Toll 유사 수용체를 조절한다는 것이 밝혀졌다. 즉, 일주기 리듬이 장의 항상성 유지에 관여하는 것이다. 그래서 일주기 리듬이 깨질 때뿐만 아니라 항생제 치료 또는 감염으로 장내 미생물의 불균형이 초래될 때도 비만, 대사증후군, 만성 염증성 질환과 같은 병에 걸릴 가능성이 높다. 이렇게 일주기 리듬을 깨뜨리고 불규칙하게 식사를 하는 경우 장내 미생물총의 구성에 상당한 영향을 미치며, 이는 대사 장애 또는 염증성 질환을 유발할 수 있음을 증명하는 연구 결과들이 많이 나오고 있다.

이와 같은 연구 결과는 미생물총의 구성과 역할에 대한 과거의 연구 결과들이 새롭게 발견되는 사실을 추가로 고려하여 재평가되어야 한다는 것을 시사한다. 즉, 장내 미생물에 대한 연구를 수행할 때 이제는 샘플을 채취하는 시간과 참가자가 식사를 한 시간 따위를 중요하게 고려할 필요가 있다는 것이다.

피부 미생물총

사람의 피부는 신체에서 가장 큰 기관으로 평균 표면적이 1.8m²를 차지한다. 피부는 외부의 병원균이 몸에 침투하는 것을 막는 물리적 장벽이다. 피부에는 cm² 당 약 50만 개의 세균이 있어서, 우리 피부의 표면에는 대략 10^{10}(100억) 개의 세균이 살고 있다. 피부의 표면 상태는 pH, 온도, 수분, 피지의 양, 생활하는 환경에 따라 큰 차이를 보인다. 피부는 세균이 살기에 장관보다 열악하고 영양분도 훨씬 적다. 그리고 진피와 표피에 상피세포, 림프구, 항원제시세포와 같은 정교한 면역 감시체계를 갖추고 있다. 피부 미생물총은 장관의 미생물총과는 달리 숙주의 면역체계 구축에 중요한 역할을 하는 것으로 보이지는 않는다. 그 대신 카텔리시딘, 베타 디펜신과 같은 항균성 펩티드를 만들어서 병원체에 대해 즉각적이고 비특이적인 반응을 나타내는 선천면역에 관여한다.

피부 미생물총은 또한 보체계*와 같은 별도의 방어체계를 활성화하기도 한다. 보체계는 병원체의 표면에 항체나 보체단백질 같은 분자들을 부착시켜 식세포에 의한 탐식과 파괴가 일어나게 한 후 병원균을 제거하는 염증반응에 관여한다. 미생물총은 면역반응에 관여하는 사이토카인인 IL-1의 분비를 증가시킨다. 장내 미생물총과 마찬가지로 피부 미생물총도 여러 염증성 질환과 관련이 있다. 아토피 피부염(습진), 건선, 여드름과 같은 만성 질환이 그것이다. 습진의 유병률은 선진국에서 최근 두 배 이상 증가했다. 습진은 황색포도알균과 관련이 있지만 습진에 피부 미생물총이 끼치는 영향은 아직 확실하게 밝혀진 것이 없다. 건선은 사슬알균과 관련이 있다. 하지만 건선과 여드름에서도 피부 미생물총이 어떤 역할을 하는지는 더 많은 연구가 필요하다. 여드름은 *Cutibacterium acnes*(전에는 *Propionibacterium acnes*라고 했음)에 의해서 생긴다고 하는데, 이 세균은 여드름이 있는 사람이든 없는 사람이든 피부에 똑같이 존재한다. 아마도 세균이 숙주의 상태에 따라 공생 세균이 되기도 하고 병원성 세균이 되기도 하는 것 같다. 피부 미생물총의 역할에 대한 현재의 이해와 발견에 따라 과거의 연구 결과들을 재검토해야 할 것이다.

질 미생물총

질은 아이가 태어날 때는 무균 상태지만, 이후 네 종류의 유산균들로 구성된 질 미생물총을 형성한다. 이러한 유산균들이 젖산을 만들기 때문에 질의 환경은 산성이다. 질 미생물총의 구성은 사춘기 동안 더욱 다양해진다. 질의 미생물총이 임신과 출산에 어떤 역할을 하는지에 대한 연구는 매우 활발한 편이다.

흰개미의 장내 미생물총

흰개미는 목재의 셀룰로오스와 리그노셀룰로오스를 소화하는 곤충으로, 특히 그의 장내 미생물총은 주목할 만하다. 흰개미는 열대지방의 토양과 아프리카 사바나에 아주 풍부해서, 그곳에 존재하는 모든 곤충의 총 질량의 95%를 차지한다. 3천 종이 넘는 흰개미 중에서 목재 구조물에 위협이 되는 종류는 극소수이지만, 그중 일부는 열대지방의 농업과 경제에 큰 영향을 미친다. 목재를 분해하는 흰개미들은 탄소 순환의 중심에 있는데, 그 이유는 그들의 장관 안에 있는 세균, 고균(세균의 1% 미만을 차지한다), 편모충으로 구성된 장내 미생물총의 활약 때문이다. 이 미생물들은 식물 섬유를 분해하고 아세테이트와 메탄을 생성한다. 이때 필요한 수소는 편모충에 있는 세포 소기관인 하이드로게노솜에 저장되어 있는 것을 활용한다. 메탄은 *Methanobrevibacter*와 같이 메탄을 생성하는 고균에 의해 만들어진다.

셀룰로오스는 흰개미와 흰개미의 장내 미생물총 사이에 일어나는 상호작용에 의해서 분해된다. 장내 미생물총은 흰개미의 영양분이 되는 수많은 화합물을 합성한다. 토양에서 영양분을 얻는 흰개미의 장에서 미생물이 부식토의 유기물을 분해하여 흡수 가능한 무기물로 바꾸어주면서 자연계에서 질소가 순환하고 있다. 흰개미의 장내 미생물총이 보여주는 생물활성 작용은 놀랍다. 그래서 흰개미는 리그노셀룰로오스를 미생물 분해산물로 전환하여 바이오연료를 만드는, 산업적으로 아주 유망한 모델로 각광받고 있다. 하지만 아직까지도 상세한 과정과 메커니즘은 대부분 잘 알려져 있지 않다. 환경 검체에서 개별 세균을 분리할 필요가 없이 유전 물질 전체를 연구하는 군유전체학 혹은 메타유전체학이나, 같은 맥락에서 RNA 전사체 전체에 대한 연구를 하는 메타전사체학에 사용되는 기술을 이용하면 새로운 사실이 밝혀질 것이다. 그러나 사람이나 흰개미의 미생물총을 이루는 많은 미생물들이 체외에서는 배양되지 않기 때문에 전체적으로 이해하는 데는 여전히 어려움이 많다.

미생물총의 조직화: 신호분자와 정족수 인식

앞에서 설명한 바와 같이 세균은 서로 소통하는 언어로 상대방을 인식하고 주변에 있는 동료들의 규모를 측정할 수 있는 신호분자를 생성한다. 마우스에 항생제를 투여하면 *Firmicutes*의 비율이 감소하지만, 이 상태에서 AI-2를 생성하는 대장균을 장에 주입하면 *Firmicutes*가 다시 원래의 수만큼 회복된다. AI-2는 모든 종류의 세균이 인식할 수 있는 분자이다. 이 연구는 항생제 치료 중에 정족수 인식 분자를 사용하여 "유익한" 세균인 *Firmicutes*를 충분한 수로 증식시킬 수 있음을 보여준다.

미생물총과 장수: 초파리 연구

초파리의 미생물총에 대한 연구로 우리는 미생물총이 수명을 연장시키는 데도 도움이 될 것이라는 힌트를 얻었다. 언젠가는 사람의 장내 미생물총의 구성을 조절하여 인간의 기대 수명을 늘릴 수 있을 것이다. 초파리와 사람의 연구에서 보인 결과의 연관성은 아직 확실하지는 않다. 하지만 사람을 대상으로 한 연구들에 따르면, 미생물총의 구성이 다양한 사람일수록 더욱 건강하다는 것과 식단의 다양성 또한 장내 미생물총의 균형에 유익하다는 것은 확실하다.

이 장의 용어

군유전체학(metagenomics, 메타유전체학)

군유전체학은 인공적으로 배양할 수 없는 미생물 전체의 구성을 알아보기 위해서 그 집단 안에 있는 모든 DNA나 RNA 등을 한꺼번에 분석하여 미생물이나 유전자의 분포를 연구하는 학문이다. 감염 미생물학에서 병원성 미생물을 배양해서 확인할 수 있는 경우는 적지 않지만, 그 대상을 전체 미생물로 확대해 보면 배양할 수 있는 미생물은 극히 일부에 지나지 않는다. 배양이 안되는 미생물을 포함한 미생물 집단을 분석하기 위해서는 고성능 차세대 염기서열분석법을 사용한다. 군유전체(metagenome, 메타게놈)는 토양이나 동물의 장관, 고립된 지역처럼 특정 환경 안에 있는 모든 바이러스, 세균, 고균, 진균이 가진 유전체를 포함한 유전체의 총합이다.

보체계(complement system)

보체는 면역계에 작용하는 단백질 또는 당단백질들로, 선천면역과 적응면역, 두 면역계 모두와 협동하여 균을 녹이거나 대식세포의 탐식작용을 돕는 역할을 한다.

후성유전학적 변화

후성유전학(epigenetics)은 DNA의 염기서열은 바뀌지 않고 유전자 발현이 조절되는 현상을 연구하는 유전학의 한 분야로, 외부 요인이나 환경적 요인으로 인해서 세포의 활성이 바뀌는 것을 연구한다. 후성유전학적 현상이 아직까지 완전하게 이해되고 있지는 않은데 DNA 메틸화와 크로마틴 구조의 변화에 대한 연구가 진행되고 있다.

제
10
장

세균과 식물의 공생: 식물 미생물총

식물도 사람과 마찬가지로 부위에 따라 다양한 구성을 이루는 세균 군집과 어울려 지낸다. 식물과 함께 살아가는 세균은 보통 *Actinobacteria, Bacteroidetes, Firmicutes, Proteobacteria*와 같은 몇몇 박테리아 문으로 한정된다. 뿌리의 미생물총은 대개 주변 토양의 세균들로 이루어지지만, 식물 자체의 요인에 의해서도 일부 달라진다. 마찬가지로 식물 잎의 표면에 존재하는 미생물군집도 세균들이 이용할 수 있는 기질에 따라 다양하다. 미생물총은 병원균으로부터 식물을 보호하고, 토양에서 식물의 생명을 유지하는 데 필요한 영양소를 얻어 주기도 한다. 식물의 미생물총은 식물과 공생 관계를 이루면서 식물의 성장과 건강에 중요하게 기여한다. 결과적으로 미생물총이 있기에 식물은 다양한 환경에 적응할 수 있게 된다.

지난 30년 동안 관련 연구는 주로 식물과 세균 양자 사이에 일어나는 상호작용에 대해 두 가지 관점에서 중점적으로 이루어졌다. 하나는 주로 식물에 질병을 일으키고 특히 숙주의 면역반응을 자극하는 세균의 독성인자와 분자 메커니즘에 대한 연구가 있다. 그리고 나머지 하나는 콩과식물과 질소고정 세균 사이의 공생관계에 대한 연구이다. 두 경우 모두 식물과 미생물 간의 연속적인 상호작용에 따라서 식물에서 눈에 보이는 구조의 변화가 나타난다는 점에서는 동일하지만, 사실은 질병 상태와 상호 협력 상태라는 극단을 보여주는 예라고 할 수 있다. 최근의 연구 결과들을 보면 건강한 식물은 아주 인상적인 미생물군집을 가지고 있다. 마치 사람과 인체에 서식하는 다양한 미생물군집을 합해서 하나의 "초생명체"라고 부를 수 있는 것처럼, 식물들도 그들과 함께하는 미생물군집과 더불어 "초식물체"로 정의할 수 있다. 현재 미생물군집과 관련하여 뿌리와 잎에 초점을 맞춘 연구도 활발히 진행되고 있다.

미생물과 뿌리: 땅속의 세계

토양은 지구상의 생태계에서 세균이 가장 풍요롭게 존재하는 곳 중 하나이다. 토양에는 *Acidobacteria, Actinobacteria, Bacteroidetes, Chloroflexi, Firmicutes, Proteobacteria* 등 여러 문의 미생물이 있다. 토양의 세균은 뿌리를 둘러싼 주변 환경인 근권과 뿌리 내부의 환경인 내권에 존재한다. 근권과 내권을 구성하는 미생물들은 서로 다르다. 이는 토양 인자와 식물의 인자가 뿌리 내부 또는 뿌리 가까운 곳에 존재하는 미생물총을 조절하고 있음을 뜻한다.

식물 뿌리의 겉 부분을 근피라고 한다. 이 근피를 이루는 세포들은 유기산, 무기 이온, 식물 유래의 철분포획체, 당, 비타민, 아미노산, 퓨린, 뉴클레오시드, 다당류 등 아주 다양한 화합물을 주변 환경으로 방출하여 뿌리와 그 주위에 침전물을 형성한다. 또 세포 자신도 일부는 뿌리에서 탈락하여 계속 생존하면서 세균을 유인한다. 뿌리가 끌어당기는 세균 중 일부는 식물에 유리한 성장 조건을 제공한다. 토마토에 있는 *Pseudomonas fluorescens*가 그 예이다. 그러나 병원균도 뿌리를 통해 식물에 들어갈 수 있다. 예를 들어 *Ralstonia solanacearum*은 표적 식물인 토마토에서 방출되는 다양한 아미노산, 유기산, 삼출물 등에 끌린다. 이 세균에서 돌연변이가 일어나서 화학 주성이나 삼출물을 인지하는 능력을 상실하면 독성이 사라진다. 하지만 이 연구는 자연 상태의 미생물총의 존재 하에서 이루어진 것이 아니라서, 향후 자연 환경 속의 토양 미생물총 안에서 특정 세균을 조사할 수 있을 정도로 기술의 발전이 이루어져야 더 정확한 데이터가 나올 것이다. 토양의 미생물은 식물의 뿌리에 병을 일으키기도 하고 뿌리의 질병을 예방하기도 한다. 근권 미생물총은 토양의 성분에 따라서 병원균과 싸워서 이길 수도 있고 질 수도 있다. 결국 토양의 성분은 그 자체만으로도 식물이 특정한 병에 더욱 취약하게 할 수 있는 것이다. 그러나 궁극적으로 중요한 것은 식물의 뿌리이다. 그 이유는 근권 미생물총의 조성과 그에 따른 질병 감수성을 제어하는 것은 뿌리이기 때문이다.

인간은 적어도 1만 년 동안 식량과 기호식품으로 식물을 재배해 왔다. 이로 인해서 열악한 환경에서 자라는 야생식물과 비교적 좋은 환경에서 자라는 재배작물 사이에 미생물총의 구성이 바뀌는 결과를 낳았다.

질소고정: 공생의 필요성

공생은 함께 살아가는 당사자들 모두에게 유익한 동거이다. 공생은 꼭 필요하지는 않지만 같이 생활하면 더 유리하기 때문에 이루어지는 경우도 있고, 반드시 함께 존재해야만 양쪽 모두 생존할 수 있는 경우도 있다. 일반적으로는 공생이 유익하다고 해도 한 쪽의 생존에 다른 쪽의 존재가 꼭 필요한 것은 아니다. 그러나 절대공생, 즉 서로의 존재를 반드시 필요로 하는 공생관계도 진화 과정에서 형성되었다. 이 경우는 특히 곤충에서 흔하다.

식물에서 절대공생은 드물다. 물론 예외도 있다. 가령 커피나 치자나무 같은 화훼식물 가운데 루비과의 식물이 그렇다. 이 식물들은 버크홀데리아균 중에서 다른 종보다 게놈이 작고 유전자가 더 적은 특정 균주와 절대공생관계를 이루고 있다. 즉, 공생하는 세균이 제거되면 이 식물들은 자라지 못한다.

식물과 세균의 동거 중 가장 유익한 경우는 콩과식물과 *Rhizobium leguminosarum*이 잘 알려져 있다. 콩과식물의 뿌리에 있는 작은 결절에 세균이 있는데, 이 세균은 공기와 토양의 질소를 암모니아로 바꿀 수 있다. 세균이 흡수한 질소는 식물의 성장을 촉진하고, 세균은 식물로부터 탄소와 에너지를 얻는다. 대부분의 토양은 비료를 광범위하게 사용해야 할 정도로 질소가 부족하기 때문에 세균에 의한 질소고정은 농경이나 경제에 매우 중요하다. 리조비움균과 콩과식물은 두 당사자가 내는 신호를 상호 간에 인식해서 공생관계를 형성한다.

질소고정과 뿌리혹의 생성

*Sinorhizobium meliloti*는 식물과 공생하면서 식물 성장에 필요한 질소를 대기나 토양에서 흡수할 수 있다. 식물의 성장에 필요한 영양분이 토양에 풍부하면 식물과 세균은 각자 독립적으로 살아간다. 질소가 일정 수준 이하로 떨어지면 스트레스를 받은 식물은 플라보노이드를 생성한다. 이 화합물은 인접한 곳에 있는 뿌리혹박테리아(리조비움균)를 자극한다. 뿌리혹박테리아는 특정 유전자를 발현하고 결절형성 인자인 Nod를 생성하여 식물 뿌리를 감염시키고 뿌리에 혹을 형성한다. 사실 여기서 감염이라는 용어는 약간 오해의 소지가 있다. 감염은 질병을 일으킨다는 말이지만, 위의 과정은 질병이 아니라 이익을 주는 행위이기 때문이다. 때로는 세균이 식물의 손상된 부분을 통해 들어갈 수도 있다. 하지만 보통은 세균이 뿌리털 끝에 붙으면, 뿌리털이 안쪽으로 오므라지면서 일종의 주머니를 형성한다. 감염 튜브라고 불리는 이 구조물은 피질을 관통하여 세균이 식물 세포의 세포막을 뚫고 세포 안으로 들어갈 수 있도록 한다. 이때부터 세포 안에 심비오솜*이라는 구조가 생성되면서 세포 주기가 가속화되어 세포가 증식하고 분화되어 세균 주변에 혹이 만들어진다.

엽권과 세균의 공동체

엽권은 줄기, 잎, 꽃, 과일을 포함하여 식물 중에서 땅 위에 있는 모든 부분을 말한다. 식물의 잎이 엽권의 대부분을 차지한다. 엽권 미생물총은 대부분 세균이지만 일부 고균이나 진균도 포함되어 있다. 엽권 미생물총은 온도, 습도, 자외선 등의 주변 환경이 자주 변하고, 영양 부족 상황에도 노출되는 등 어려운 환경에서 탄소와 질소의 순환에 관여한다. 이 미생물총이 병원균으로부터 식물을 보호하는 역할도 한다.

장관이나 근권과 마찬가지로 엽권에도 *Proteobacteria*(가장 우세함), *Actinobacteria, Bacteroidetes, Firmicutes* 문의 세균들이 주로 차지하고 있다. 엽권에 존재하는 세균들은 공기와 에어로졸에서 오는 것이지만, 공기 중에는 토양에 비해서 세균의 농도가 훨씬 낮다. 엽권이 공기 중의 세균을 어떻게 획득하는지는 아직까지 정확하게 밝혀지지는 않았다.

세균과 식물의 성장

뿌리혹의 세균은 대기 중의 질소를 뿌리혹으로 가져오는 역할 말고도 인산염을 용해하여 식물이 흡수할 수 있도록 도와주는 역할도 한다. 세균은 또 여러 가지 측면에서 식물의 성장과 발달에 관여하는 옥신과 같은 호르몬을 생산하기도 한다. 식물과 세균이 상호작용을 할 때 항상 직접적인 접촉이 필요한 것은 아니라서, 일부 세균은 휘발성 유기화합물을 방출하여 신호를 주기도 한다.

성장촉진 화합물인 아세토인과 2,3-부탄다이올을 생산하는 고초균이 잘 알려진 예이다.

인간과 동물의 내장이 생명 유지와 성장에 중요한 것처럼 근권은 식물의 성장에 중요하다. 뿌리의 미생물은 영양소의 흡수를 조절하고 병원균의 침입으로부터 식물을 보호한다. 다양한 미생물군과 토양의 구성 성분, 그리고 이에 대한 식물의 반응을 잘 파악하려면 많은 시간이 필요할 것이다. 그렇지만 그 성과로 얻은 자료들은 환경의 균형을 유지하고 21세기의 농업을 발전시켜 식품의 질을 개선하는 데 크게 기여할 것이다.

이 장의 용어

심비오솜(symbiosome)

콩과식물의 뿌리에 공생하는 뿌리혹박테리아는 식물 뿌리의 세포에 들어가서 형태가 변형되면서 피막에 둘러싸이게 되는데, 이것을 심비오솜이라고 한다. 심비오솜은 마치 세포 소기관처럼 보인다. 진딧물의 균세포 안에 부크네라균이 들어있는 액포도 심비오솜이라고 한다.

제
11
장

세포 내 공생관계

　세균과 진핵생물(인간, 동물, 식물) 간의 공생관계는 적어도 한 쪽에게는 유익하다. 선택적 공생은 수시로 형성되고 사라지기를 반복한다. 그러나 오랜 시간을 거친 진화의 결과로 나타난 절대공생은 생존에 필수적인 것으로, 특히 곤충에서 흔하다. 곤충의 10-12%는 세포 내 공생체를 가지고 있다. 세포 내 공생은 곤충들이 공생관계가 없었다면 살 수 없었을 틈새에 적응할 수 있게 하여 수많은 곤충들의 진화를 이끌며 생태적으로 성공적인 삶을 영위할 수 있게 했다. 진핵세포에서 볼 수 있었던 초창기의 세포 내 공생체는 미토콘드리아와 엽록체이다. 이 공생이 이루어지는 과정에서 핵을 가진 세포와 절대공생관계를 형성한 광합성 세균은 식물 세포의 엽록체가 되었고, 비광합성 세균은 모든 진핵세포에서 발견되는 미토콘드리아의 기원이 되었다.

뗄 수 없는 관계: 완두수염진딧물과 부크네라균

절대공생관계에 대한 뛰어난 연구 성과는 완두수염진딧물과 *Buchnera aphidicola*에서 볼 수 있다. 진딧물과 세균, 두 생물은 모두 서로에 대한 절대공생관계이기 때문에 이 세균은 진딧물에서만 발견된다. 진딧물이 사는 완두콩과 부크네라균의 게놈을 분석한 결과 그들의 공생은 주로 영양분과 관계가 있는 것으로 나타났다.

부크네라균은 대장균과 같은 장내세균과에 속한다. 게놈 연구에 따르면 부크네라는 진화 과정에서 상당히 많은 유전자를 소실했다. 이러한 유전자 소실은 세포 안에서만 살아가는 세균들의 특징이다. 소실된 유전자들은 환경에서 독립적으로 살아갈 때는 필요했지만 세포 안에서 생활하게 되면서 필요가 없어진 것들이다. 예를 들면 세균이 숙주로부터 얻을 수 있는 화합물의 합성에 필요한 유전자, 자유 유생하는 세균이 세포의 골격을 이루기 위해서 필요한 지질다당류를 암호화하는 유전자, 혐기성 호흡에 필요한 유전자, 아미노당과 지방산을 합성하는 데 필요한 유전자들에 해당한다. 부크네라는 유전자 소실로 현재 가장 작은 유전체(652kb)를 가졌으면서도 매우 안정된 생명체로 알려져 있다.

진딧물은 농작물에 상당한 피해를 입히는 해충이다. 온대기후의 식물들 가운데 4분의 1이 이러한 해충의 공격을 받는 것으로 추산된다. 거기에는 식량으로 재배되는 거의 모든 식물들이 포함되어 있다. 역사적으로 잘 알려진 예는 19세기 프랑스의 포도밭을 황폐하게 만든 포도나무뿌리혹벌레로, 필록세라라고도 불리는 진딧물이다. 결국 프랑스의 포도나무는 멸절 위기에서 진딧물에 내성이 있는 미국산 포도나무 뿌리에 줄기를 접붙여 겨우 되살릴 수 있었다. 진딧물은 식물에 주사기와 같은 입으로 구멍을 뚫고 수액을 빨아먹고 산다. 그 결과 수액을 잃은 식물은 말라 들어가고 해로운 바이러스와 세균에 취약하게 된다. 수액에는 진딧물이 필요로 하는 당분은 있지만 아미노산은 거의 들어있지 않다. 그래서 진딧물은 자신이 필요한 필수 아미노산을 부크네라로부터 얻는다. 연구에 따르면 이러한 아미노산이 부족한 환경에서도 진딧물은 성장하고 번식할 수 있지만, 진딧물의 동반자인 세균을 죽이는 항생제를 뿌리면 진딧물이 성장하지 못하고 죽는다. 이로써 세균이 진딧물의 생존에 얼마나 중요한지를 알 수 있다.

부크네라균은 진딧물의 균세포*라고 불리는 큰 세포 안에 있다. 이 세포 안에 있는 세균 하나하나는 숙주세포에서 만들어진 막으로 둘러싸여서 액포*를 형성한다. 이 액포가 심비오솜이다. 세균이 아미노산을 만들면 이 아미노산이 세균 공생체에서 배출되어 숙주인 진딧물의 세포에 흡수되는 것으로 생각된다. 진딧물 성충 한 마리에 수백만 개의 부크네라균이 있다.

부크네라는 진딧물이 필요로 하는 아미노산의 전부는 아니고, 그중 일부를 합성한다. 숙주인 진딧물은 세균에게 에너지와 탄소, 질소를 공급한다. 글루타민과 아스파라긴은 식물에서 수액이 전달되는 조직인 체관에 풍부한 아미노산이다. 진딧물이 수액을 섭취하면 이들 아미노산이 균세포로 옮겨져 세균이 아스파라긴을 아스파르테이트로 변형시킨다. 그다음 아스파르테이트가 옥살로아세트산으로 바뀌면서 글루타민산이 방출된다. 글루타민도 글루타민산으로 전환된다. 세균은 글루타민산의 질소를 이용하여 진딧물이 필요로 하는 다른 아미노산을 생성한다. 따라서 이러한 아미노산은 진딧물과 세균 사이의 대사적 협력에 의해 생성되는 것으로, 이는 부크네라균의 게놈 연구로 확인된 사실이다.

진딧물의 게놈에 대한 연구 역시 많이 이루어졌다. 진딧물은 면역과 관련된 유전자가 없기 때문에 진딧물에서는 부크네라가 아무 탈 없이 살아갈 수 있다. 부크네라균과 진딧물 사이에는 유전자 전달이 일어나지 않지만, 진딧물과 다른 세균 사이에는 유전자 전달이 일어난다. 이렇게 다른 세균에서 전달받은 유전자는 진딧물의 균세포에서 발현되어 공생에 중요한 역할을 한다. 그러나 이러한 유전자에 대한 실제 연구는 아직 초기 단계에 머물러 있다.

진딧물은 때때로 장이나 균세포를 둘러싼 조직, 혹은 또 다른 균세포에 부크네라균이 아닌 다른 세균을 포함하는 공생체를 가지고 있다. 완두수염진딧물에는 세 가지 세균 공생체, 즉 *Hamiltonella defensa, Regiella insecticola, Serratia symbiotica*가 있다. 이 세균들은 완두수염진딧물과 부크네라균 사이의 공생관계를 도와준다. 말하자면 두 생명체 완두수염진딧물과 부크네라균이 한 쌍으로 살아가는 데 다른 공생체가 도움을 주는 것이다.

다른 곤충들의 공생관계

완두수염진딧물에서 발견되는 부크네라균처럼 포유류의 피를 빨아먹는 체체파리에서도 공생관계가 보인다. 체체파리의 고도로 특화된 세포에서 *Wigglesworthia glossinidia brevipalpis* 공생체가 발견된다. 이 세균은 파리에게 비타민과 그 외 중요한 보조인자 등 필수 화합물을 제공한다.

왕개미는 공생 세균 "*Candidatus* Blochmannia"를 가지고 있다. 그러나 항생제 치료는 왕개미의 생존에 영향을 미치지 않는 듯하다. 이 공생체의 역할은 아직 잘 알려져 있지 않다. 왕개미의 공동 생활은 아주 독특하고 복잡해서 이 모든 것을 설명하는 데는 더 많은 연구가 필요하다.

숙주의 생식을 통제하는 세균

부크네라균은 진딧물의 난모세포를 통해서 한 세대에서 다음 세대로 전달된다. 이와 같은 수직 전달은 부크네라보다 훨씬 더 광범위하게 퍼져 있는 공생체인 볼바키아에서도 일어난다.

볼바키아균은 사람에게 병을 옮기는 모기를 포함해서 모든 곤충 종의 60%에 존재한다. 다만, 뎅기바이러스를 전파하는 모기인 이집트숲모기는 보통은 볼바키아에 감염되지 않는다. 또, 볼바키아는 사상충에 속하는 선충류의 47%에도 존재한다.

볼바키아의 연구는 주로 세포질 부적합성 현상과 모기매개질병 퇴치를 위한 활용 가능성에 초점을 맞추고 있다(그림 15). 수컷 모기가 볼바키아에 감염되면 감염되지 않은 암컷과 짝짓기를 했을 때 그 자손은 부화되지 않는다. 이 현상을 세포질 부적합성이라고 한다. 만약 암컷이 감염되어 있다면 자손은 부화한다. 볼바키아 세균은 암컷의 난자에 감염되어 있다. 그래서 수컷의 감염과 무관하게 암컷이 감염되어 있으면 자손은 모두 볼바키아에 감염된다. 이 두 가지 요인, 즉 세포질 부적합성과 암컷에 의한 전염은 자손에서 볼바키아의 보유율을 높여서 많은 모기가 볼바키아에

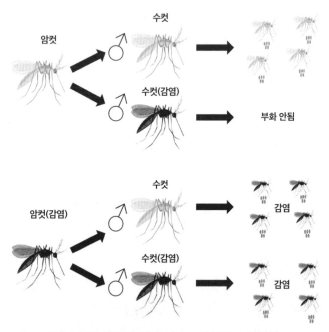

그림 15. 세포질 부적합성. 감염되지 않은 암수 모기가 짝을 지으면 새끼를 낳는다. 수컷이 볼바키아에 감염되면 자손이 생기지 않는다. 감염된 암컷은 수컷의 감염 여부와 관계없이 자손을 만들 수 있지만, 그 자손들은 모두 볼바키아에 감염된다.

감염된 상태를 초래한다. 어떤 볼바키아균은 특정 곤충에서 수컷을 완전히 박멸할 수도 있는 것으로 관찰되었다. 감염된 암컷 배아는 정상적으로 발달하지만 감염된 수컷 배아는 생존할 수 없기 때문이다. 이런 균주를 이용해서 모기 개체 수를 줄일 수 있게 되었다.

또 다른 놀라운 사실은 볼바키아가 쥐며느리를 암컷으로 만든다는 것이다. 쥐며느리의 수정란에 볼바키아가 있으면 수컷 알도 유전적 분화를 일으켜 자손을 생산할 수 있는 기능을 지닌 암컷으로 유도된다. 볼바키아의 이런 행동은 볼바키아가 난자에서만 생존할 수 있고 먹을 것이 없는 정자에서는 살아남을 수가 없어서 숙주의 성별을 암컷으로 바꾸어버리기 때문이라고 한다.

모기가 볼바키아에 감염되면 모기에서 세균이 뎅기바이러스, 치쿤구냐바이러스, 황열바이러스, 웨스트나일바이러스, 심지어 열대열원충이나 삼일열원충과 경쟁하여 이들 바이러스나 원충의 전염이 억제된다. 그래서 모기가 매개하는 바이러스나 원충의 확산을 방지하기 위해 볼바키아에 감염된 모기를 환경에 방출한다는 아이디어가 나타났고, 실험적으로 사용되었다.

세균과 기생충

볼바키아균은 인간과 가축에서 질병을 일으키는 선충에서도 발견되었다. 모기에 의해 전염되는 선충인 말레이사상충은 일반적으로는 치명적이지 않지만 사지의 부종을 특징으로 하는 끔찍한 질병인 상피병이라는 림프성 필라리아증을 일으킨다. 개에서 필라리아증을 일으키는 필라리아 선충은 진드기에 의해 전염된다. 최근까지 필라리아 선충의 89.5%가 볼바키아를 가지고 있다고 생각되었지만, 현재는 37%로 훨씬 낮은 보유율을 보이는 것으로 확인되었다. 그러나 선충에 볼바키아가 없다고 해서 선충이 볼바키아와 무관한 것은 아니다. 어떤 사상충은 볼바키아를 가지고 있지 않아도 볼바키아 유전자를 획득한 것으로 보인다. 이것은 볼바키아와 기생충 사이의 공생관계가 유전자 포획으로 진화했음을 암시한다.

사상충에서도 볼바키아가 난자를 통해 다음 세대로 전달될 수 있다. 선충과 볼바키아의 관계는 두 파트너에게 이로움을 주는 공생관계로 보인다. 이것은 볼바키아를 죽이는 항생제로 사상충증을 치료함으로써 입증되었다. 선충 감염증을 항생제로 치료하면 기생충도 죽는다. 말레이사상충 게놈의 염기서열 분석을 통해 볼바키아는 기생충에 부족한 헴과 리보플라빈을 합성하는 데 필요한 유전자를 가지고 있음이 밝혀졌다. 볼바키아는 말레이사상충의 생명유지와 번식을 가능하게 하는 것 외에도, 사상충이 기생하고 있는 숙주에서 염증을 일으키고 면역을 억제하여 질병이 진행될 수 있게 하기도 한다. 또 림프성 필라리아증의 경우 림프관의 크기를 증가시켜 주기도 한다.

이버멕틴은 아베멕틴의 유도체이며, 주로 알벤다졸과 같이 사용되는 필라리아증 치료약이다. 그러나 이들 약물을 이용한 치료는 수년이 소요되며 내성을 유발할 수 있다. 그래서 최근 10여 년 동안 필라리아증에 대한 치료는 볼바키아를 목표로 한 항생제 요법이 권장되고 있다. 치료는 여전히 4-6개월의 긴 시간이 필요하고, 9세 미만의 어린이나 임산부 또는 수유부는 사용이 금지되어 있다.

핵과 미토콘드리아에 사는 세균

세포 내 공생체와 병원성 세균들을 포함해서 세포 안에 있는 세균들은 그들이 서식하는 세포의 세포질에서 자유롭게 있는 것도 있고, 액포에 둘러싸여 있는 것도 있다.

그런데 어떤 세균들은 진핵세포의 가장 중요한 부분인 핵에서도 살 수 있다는 것이 알려졌다. 그곳에서 그들은 세포의 방어 체계로부터 보호받을 수 있고, 잠재적으로 조작할 수 있는 세포의 DNA에 접근할 수도 있다. 핵 안에 있는 세균은 대개 짚신벌레 또는 아메바와 같은 단세포 진핵생물에 서식한다. 가장 많이 연구된 핵내 세균은 홀로스포라이다. 홀로스포라는 리케차와 유사한 세균으로 짚신벌레를 감염시킨다. 짚신벌레는 두 개의 핵을 가지고 있는데, 홀로스포라의 어떤 종은 큰 핵을 감염시키고 어떤 종은 작은 핵을 감염시킨다. 홀로스포라는 절지동물, 해양 무척추동물, 심지어 포유류에서도 발견된다.

미토콘드리아는 진핵생물의 거의 모든 유핵세포에 존재하는 세포기관이다. 핵이 없는 적혈구에는 미토콘드리아가 없다. 미토콘드리아는 ATP를 생성한다. 미토콘드리아가 원래 세균이었는데 세포 안에 들어가 적응하면서 진화했다는 사실은 이미 널리 알려져 있다. 그들은 세균 유전자, 특히 리케차의 유전자와 매우 유사한 자체 DNA를 가지고 있다. 놀라운 사실은 미토콘드리아 안에서도 세균이 발견되었다는 것이다. 현재까지 단 한 종의 세균만 발견되었다. 미토콘드리아 안에서 사는 세균인 "*Candidatus Midichloria mitochondrii*"는 익소데스 진드기에 있는 미토콘드리아의 내공생체이다. 익소데스 진드기는 라임병을 일으키는 보렐리아균을 매개하는 곤충이다. 앞으로 미토콘드리아 내에서 살아가는 세균들이 더 많이 발견될 것이다.

이 장의 용어

균세포(bacteriocyte)

특정 곤충에서 발견되는 특수한 지방세포이다. 이 세포 안에 세포 내 공생체인 세균이 들어있다. 아직 우리말로 적절히 번역된 용어가 없는 것 같다. 여기서는 균세포라고 지칭했다. 세균세포라고 번역할 수도 있지만, 세균세포는 박테리아, 즉 세균 그 자체를 일컫는 경우도 있기 때문에 사용하지 않았다.

액포(vacuole)

일반적으로 액포라고 하면 일부 진핵세포가 가지고 있는 막으로 둘러싸인 거대한 세포소기관을 뜻한다. 액포는 대부분의 식물 세포에서 관찰할 수 있다. 동물 세포에는 액포가 작거나 없다. 이 책에서 말하는 액포는 세포 안에 있는 작은 물주머니 같은 것으로, 가령 포유류의 세포 안으로 세균이 들어갈 때 형성되는 것이다. 이렇게 세균은 막으로 둘러싸인 특정 구획에 포획된다.

제3부

감염병 생물학

제
12
장

병원성 세균: 과거와 현재의 주요 감염병

감염병은 바이러스, 세균, 진균, 기생충과 같은 병원체가 다른 생명체에서 번식하면서 발생한다. 정상적인 미생물총의 세균들도 숙주의 상태가 갑자기 변할 경우, 즉 면역억제 요법, 다른 감염, 부상, 과도한 피로나 스트레스처럼 숙주가 갖고 있는 면역능력이 손상될 경우 기회감염*을 일으킬 수 있다. 그러나 일반적으로 감염병은 병원체가 밖에 있다가 우리 몸으로 들어와야 생긴다. 감염병은 대부분 다른 사람이나 동물에서 비롯된다. 동물에서 인간에게 전염되는 경우를 인수공통감염병이라고 한다. 인수공통감염병은 벼룩, 파리, 모기와 같은 곤충이나 진드기와 같은 절지동물이 매개하는 경우가 많다. 질병을 매개하는 곤충은 그 자체가 병원체를 갖고 있기도 하고, 다른 동물(쥐와 같은 설치류나 가축 등)이 지닌 병원체를 전달하기도 한다.

감염병을 일으키는 세균은 분류학적으로 아주 다양하다. 그람양성과 그람음성, 아포를 만들 수 있는 것과 없는 것, 세포 안에서 생활하는 것과 세포 밖에서 생활하는 것 모두 포함된다. 특정 과의 세균 중에서도 어떤 속이나 종은 병원성인 반면 다른 속이나 종은 무해하거나 오히려 유익한 것인 경우도 있다. 병원성 세균은 특정한 인자를 생산해서 숙주의 면역방어에 저항한다. 또 세균에 따라서 숙주의 특정한 부위, 예를 들면 혈액, 뇌척수액, 점막 표면, 비강, 폐와 같은 부위에서 증식하면서 숙주의 건강에 해를 끼친다.

인류가 겪은 역병

대흑사병과 몇 번의 페스트

림프절 페스트는 페스트균에 의해 발생한다. 이 세균은 19세기 말 페스트가 유행할 때 홍콩에서 알렉상드르 예르생이 처음으로 페스트의 원인을 밝히면서 모습을 드러냈다. 페스트는 고대부터 있어 왔다. 기록에 따르면 6세기 비잔틴제국에서 발생한 유스티니아누스 역병이 첫 사례이다. 그 후 페스트는 수없이 많은 인명을 희생시켰다. 페스트는 감염된 쥐를 물어뜯은 벼룩이 다른 동물이나 사람을 물어서 전염된다. 벼룩에 물린 지 1주일이 지난 후 사타구니, 목, 겨드랑이에 있는 림프절이 부어오른다. 이것이 림프절 페스트이다. 치료하지 않고 방치하면 탈수와 신경 손상이 빠르게 일어나고 죽음에 이를 수도 있다. 폐를 공격하는 폐 페스트와 혈액을 감염시키는 패혈성 페스트는 림프절 페스트보다 드물지만 더 심각한 형태로, 벼룩에 물리지 않고도 사람 사이에 전염될 수 있고, 대부분 며칠 안에 사망한다.

1347년 페스트가 유럽을 휩쓸어 인구의 25-50%가 사망했다. 그

Yop 단백질과 III형 분비계

페스트균(*Yersinia pestis*) 외에도 두 개의 다른 예르시니 아균이 잘 알려져 있다. *Yersinia enterocolitica*와 *Yersinia pseudotuberculosis*는 모두 장관에 병을 일으키는 세균들이다. *Y. enterocolitica*는 특히 소아에서 장염을 유발한다. *Y. pseudotuberculosis*는 사람에게 장간막림프절염을 유발시키지만 주로 동물에게 영향을 미친다.

이 세균은 1980년대 후반 III형 분비계의 발견에 중요한 역할을 했다(그림 14). Yop 단백질은 예르시니아가 감염을 일으키는 데 중요하다. 예르시니아는 이 단백질을 외부로 분비하거나 숙주의 세포에 직접 주입한다. 이 메커니즘에 대한 연구로 III형 분비계로 명명된 정교한 단백질 나노머신의 존재가 밝혀졌다. 이 분비계는 대장균, 살모넬라균, 이질균에도 존재한다.

후 페스트의 원인균이 확인되고 백신 개발이 이루어질 때까지 런던 대흑사병, 마르세유 흑사병과 같이 반복해서 페스트가 발생했다. 현재도 매년 수천 건의 사례가 기록되고 있다. 그중 90%는 아프리카, 특히 마다가스카르와 콩고민주공화국에서 발생한다. 미국에서는 서부에서 매년 10건 정도의 사례가 보고된다. 세계보건기구에 따르면 최근까지도 흑사병의 발생이 증가하고 있는 추세이다.

전 세계에서 수집된 페스트 균주의 게놈을 세밀히 분석한 결과, 이 세균은 아시아에서 처음 유래한 것으로 나타났다. 조사된 모든 균주의 공통 조상은 2,600년 전 중국에서 발생했을 것으로 추정된다.

페스트는 역사상 가장 무서운 질병 가운데 하나로 악명이 높다. 질병의 원인이 무엇인지, 어떻게 전염되는지 아무도 몰랐기 때문에 전염병 환자를 격리하고 질병을 예방하기 위해서 다양한 전략을 시도했지만 별로 효과가 없었다. 심지어 1720년 마르세유에 흑사병이 유행할 때는 주변 마을을 보호하기 위해 보클뤼즈 산맥에 27km 길이의 장벽을 쌓기까지 했다. 의사들은 약초가 들어있는 새의 부리처럼 생긴 가면을 착용하여 감염으로부터 자신을 보호하려고 했다. 동시대를 표현한 베니스의 그림을 보면 가면은 흰색이었던 것으로 보인다.

흑사병에 스트렙토마이신이나 겐타마이신과 같은 아미노글리코시드 계열의 항생제가 여전히 효력이 있지만, 다른 세균과 마찬가지로 항생제에 내성을 보이는 균주가 나타난 것이 문제이다.

나병과 나균

나병은 페스트처럼 중국, 이집트, 인도 등지에서 고대부터 알려져 온 질병이다. 나병은 전염성이 높지 않지만 사람들은 페스트만큼이나 나병을 두려워했다. 사람들은 나병 환자가 동네에 함께 살지 못하게 동네 밖으로 쫓아냈다. 그 이유는 나병이 전염된다는 것을 알았기 때문이기도 했지만, 외모가 혐오스러웠기 때문이었을 것이다. 실제로 나균은 아주 느리게 번식하기 때문에 나병의 발생과 진행도 느리다. 나균이 번식할 수 있는 드문 포유류 중 하나인 아르마딜로에서 나균을 키운 동물실험에서 이 세균이 두 배로 늘어나는 데는 10-15일이 걸렸다. 나균은 주로 인간에서 인간으로만 전염되지만, 최근 미국에서 확인된 바와 같이 드물게 아르마딜로에서 인간으로 전염될 수도 있다. 나병의 원인균인 나균은 1873년 노르웨이의 게르하르트 한센에 의해 발견되었기 때문에 나병을 한센병이라고 부르기도 한다. 나균은 주로 말초신경이나 피부와 점막에 영향을 미친다. 이 세균은 슈반세포라고 불리는 신경세포에서 증식하고 그 세포를 파괴하기 때문에 사지의 감각 상실을 초래한다. 피부에서는 세균이 육아종을 만들고 조직 파괴를 일으킨다. 나병은 과거에는 불치병이었지만, 이제는 6개월에서 1년 동안 답손, 리팜핀, 클로파지민의 다약제 병용요법으로 치료할 수 있다. 지난 20년 동안에도 1,400만 명 이상의 나환자가 치료되었다. 믿기 어렵겠지만, 현재도 브라질, 인도, 인도네시아, 마다가스카르 등 여러 나라에 여전히 약 20만 명의 나환자가 있으며, 매년 약 20만 명의 새로운 나환자가 발생하고 있다.[3] 세계보건기구는 나병을 완전히 박멸하려는 계획을 시행하고 있는데, 성공할 확률이 매우 높다.

결핵과 결핵균

결핵은 지금껏 알려진 가장 오래된 질병들 중 하나이고, 현재 전 세계적으로 에이즈(후천성면역결핍증) 다음으로 많은 사망을 초래하는 감염병이다. 미국 질병통제예방센터에 따르면, 결핵은

---

3 [역주] 세계보건기구의 통계에 의하면, 2019년에 새로 등록된 환자가 202,256명이고, 그중 14세 미만의 어린이가 14,893명이었다. 2019년 말 기준으로 178,371명의 나환자가 있다..

2015년 전 세계에서 1,040만 명이 걸렸고 180만 명이 사망했다.[4] 이 수치는 1990년과 비교하여 사망률이 45% 감소한 것이다. 전 세계 인구의 1/3이 몸속에 결핵균을 가지고 있고, 이 중 10%에게만 실제로 병이 생긴다. 주로 면역체계가 허약한 사람들에게서 발병할 확률이 높다. 결핵을 일으키는 원인인 결핵균은 1882년 로베르트 코흐가 발견했고, 막대 모양을 하고 있어서 지금도 때때로 코흐막대균이라고 부른다. 결핵균은 공기 중의 비말핵을 통해 사람 간에 전파된다. 한때 phthisis라는 병명으로 불렸던 폐결핵은 가장 흔한 형태의 결핵이다. 그러나 결핵균은 폐 말고도 뼈, 신장, 내장, 생식기, 수막, 부신, 피부 등 신체의 모든 부분에 감염을 유발한다. 1950년대에 항결핵제가 널리 보급되기 전, 결핵 환자는 햇빛과 신선한 공기에 노출시키는 요양을 통해서, 혹은 수술로 치료했다. 지금은 네 가지 항결핵제를 6개월간 복용함으로써 치료할 수 있다. 그러나 결핵은 다약제 내성 균주와 광범위 약제 내성 균주가 등장하면서 다시 치료하기가 매우 어려운 질병이 되었다. 현재 결핵은 선진국에서는 흔하지 않지만 개발도상국에서는 여전히 중요한 질병이다. HIV 감염자/AIDS 환자*와 같은 면역억제자에게는 특히 위험하다.

결핵 백신은 1921년부터 존재했다. 백신을 개발한 파스퇴르연구소의 두 과학자의 이름을 딴 칼메트-게랭 막대균(BCG)은 사람에게 결핵을 일으키는 세균과 매우 유사한, 소에 병을 일으키는 균종인 *Mycobacterium bovis*를 "약독화"한 균주이다. BCG는 결핵을 예방할 수는 없지만 결핵이 치명적으로 악화되는 것을 저지하고,

---

4 [역주] 2019년 기준 신환자와 사망자는 1천만 명과 140만 명이다.

결핵균과 나균의 유전체 해독

결핵균(*Mycobacterium tuberculosis*)과 나균(*Mycobacterium leprae*)은 매우 느리게 증식하는 세균이다. 세균이 분열하여 두 배가 되는 시간이 나균은 2주, 결핵균은 20시간이다. 이런 긴 증식 시간은 두 질병을 연구하는 데 주요 장애물이 되었다. 1998년과 2009년에 각각 결핵균과 나균의 게놈이 완전히 해독되면서, 이후에는 이들의 독성 메커니즘과 독특한 생리를 알아내고자 하는 연구가 많이 진행되고 있다.

특히 결핵성 수막염과 파종성 결핵이 되는 것을 막아준다. 한때 프랑스에서 BCG를 의무적으로 예방접종했으나, 현재는 결핵이 별로 많지 않은 다른 선진국에서처럼 소위 "위험군"에 속한 어린이에게만 접종할 것을 권장한다. 그러나 프랑스와 같은 선진국에서 어떤 사람을 위험군으로 분류할 것인가? 이 권고는 낙인을 찍고 차별한다는 면에서 윤리적 문제가 제기되고 있다. 프랑스의 국가윤리자문위원회는 1992년 위원회의 의견서 작성을 위해 "결핵 검진과 BCG 예방접종"에 대해 심도 깊은 논의를 진행하였다. 미국에서는 일반 국민을 대상으로 BCG 예방 접종을 한 사례가 없다.

어린이 질병

백일해와 백일해균

백일해는 1주일간의 잠복기를 거쳐 몇 주 동안 지속되는 호흡기 감염병으로, 마치 수탉의 울음소리를 연상시키는 심한 기침이 특징이다. 그래서 프랑스에서는 이 질병을 "꼬끄뤼쉬", 즉 수탉의 울음소리라고 부른다. 질병의 원인균은 *Bordetella pertussis*로, 1906년 쥘 보르데에 의해 발견되었다. 과거에는 사망률이 높았지만, 항생제가 나오면서 이 질병의 예후가 크게 향상되었다. 또한 예방접종으로 백일해의 발생률도 상당히 낮아졌다. 초기에 사용한 디피티 혼합 백신(DPT. 디프테리아, 파상풍, 백일해 백신)은 세 번 접종했다. 이 백신으로 질병의 증상을 약하게 할 수는 있었지만, 감염을 원천적으로 막을 수는 없었다. 그 이후 더 좋은 "무세포" 백신이 개발되었다. 1966년 이후 예방접종이 널리 보급된 이래, 이 새로운 무세포 백신은 혼합 필수예방접종 백신에 포함되었다. 필수접종 백신은 디프테리아, 파상풍, 소아마비, 백일해, b형 헤모필루스 인플루엔자 백신 등이 있다. 예방접종 덕분에 선진국에서는 6개월-10세 사이의 어린이들에서 백일해가 거의 사라졌다. 하지만 예방접종의 효과가 시간이 지남에 따라 점점 약해지기 때문에 청년층에서 환자들이 생기고 있다. 11세 미만의 아동에서 시행하던 추가 예방접종이 이제 성인에게도 강력히 권장되는 이유이다.

디프테리아와 디프테리아균

디프테리아는 19세기 말 어린이의 주요 사망 원인 중 하나로, 1884년 에드윈 클렙스와 프리드리히 뢰플러가 발견한 세균인 *Corynebacterium diphtheriae*에 의해 발생한다. 이 질병은 기도에 막이 만들어져 호흡을 방해하여 질식과 사망을 초래한다. 알렉상드르 예르생과 에밀 루는 이러한 임상 징후가 세균에 의해 생성

디프테리아 독소

디프테리아 독소의 작용 방식은 아주 잘 알려졌다. 이 독소는 숙주의 중요한 단백질인 EF-2를 "변형"시킨다. 그러면 감염된 세포에서 정상적인 EF-2의 작용에 의한 단백질 생산이 중단된다. 결국 세포가 죽게 되는 것이다. 이 독소가 작용하는 메커니즘은 1960년에 알려졌는데, 이 연구는 어떤 단백질이 만들어진 후에 독소에 의해 변형될 수 있다는 것을 처음으로 알려 준 성과였다.

된 독소 때문이라는 것을 밝혔다. 이 독소의 유전자는 원래 박테리오파지의 것인데 세균의 게놈 속에 완전히 삽입되어 발현한다. 그 결과 무해한 디프테리아균이 파지 즉, 바이러스에 감염되어 독소를 생성할 수 있는 세균으로 바뀌면서 병원균으로 되는 것이다. 세균에서 파지가 빠져나오면 세균은 다시 무해한 것으로 바뀐다. 1890년 로베르트 코흐 실험실의 제자들인 에밀 폰 베링과 키타사토 시바사브로는 디프테리아에서 회복된 환자들이 혈액에 "항독소"를 가지고 있다는 사실을 발견했다. 이것이 우리가 지금 알고 있는 항체이다. 이 발견은 회복된 디프테리아 환자의 혈청이나 독소를 투여한 동물을 노출시킨 후 살아남은 동물로부터 얻은 혈청을 사용하는 "혈청요법"으로 환자를 치료하는 아이디어로 이어졌다. 1920년대에는 가스통 라몽이 처음으로 비활성화된 독소를 사용하여 효과적인 백신을 개발했다. 이와 같은 연구에 힘입어 디프테리아는 이제 사실상 사라진 질병이 되었다.

파상풍 독소

파상풍 독소는 보툴리눔 독소처럼 단백질을 분해하는 효소이다. 파상풍 독소와 보툴리눔 독소는 모두 스네어 단백질을 표적으로 한다. 스네어 단백질은 막 단백질로, 막으로 나뉜 두 부분을 융합한다. 가령 세포 내 소포의 내용물을 세포 밖으로 내보내고자 하면 세포막과 소포의 막이 융합하면서 소포의 내용물은 밖으로 배출하게 되는데, 이때 세포막과 소포의 막, 두 막을 융합하는 단백질이 스네어 단백질이다. 파상풍 독소는 소포의 융합을 방해해서 뉴런(신경단위)을 통해 전달되는 신경전달물질인 아세틸콜린이 방출되지 못하도록 한다.

파상풍과 파상풍균

단일 독소로 인해 생기는 감염병이 드문데, 파상풍은 파상풍 독소 단 하나로 발생하는 급성 감염병이다. 파상풍균(*Clostridium tetani*)은 1889년 키타사토 시바사브로에 의해 발견되었다. 이 세균은 독특하게 토양에서 수년간 잠복할 수 있는 아포를 생성한다. 이 아포가 상처 부위를 통해 숙주의 몸에 들어가서 조직의 혐기성 환경을 만나면 거기서 증식해서 독소를 만든다. 독소는 중추신경계로 이동하여 고통스러운 근육수축과 경련을 일으킨다. 이것이 파상풍의 특징이다. 디프테리아와 마찬가지로 파상풍은 파상풍 유독소, 즉 독소가 화학적으로 변형되어 독소와 비슷하지만 독성은 없어지고 인체의 면역계통은 자극할 수 있는 물질로 예방접종을 한다. 질병의 치료는 항독소나 벤조디아제핀과 같은 진정제를 사용하여 근육경련을 줄이고, 호흡이 곤란할 경우 인공호흡을 시행하는 것이다. 선진국에서는 대부분 예방접종을 의무적으로 실시하게 되면서 파상풍이 거의 사라졌다. 프랑스에서는 매년 파상풍으로 인한 사망자가 10명 미만이다.

사슬알균

사슬알균에는 병원성인 세균도 있고 비병원성인 세균도 있다. 세 가지 주요 병원성 세균은 다음과 같다. (i) A군 사슬알균: 화농성 사슬알균이라고도 한다. 피부와 폐에 감염을 일으키며, 가장 흔하게는 류마티스열로 진행될 수 있는 인두염을 유발한다. (ii) B군 사슬알균: 신생아 감염, 질과 비뇨기 계통의 감염을 일으킨다. (iii) 폐렴알균: 귀와 인후 부위에 감염을 초래한다. 노년기에 이 세균에 의한 폐렴이 오면 치명적일 수도 있다.

폐렴알균은 비인두의 상재균으로, 인구의 50%는 이 세균을 인두에 가지고 있다. 또 B군 사슬알균은 여성의 30-50%에서 질 안의 상재균으로 존재한다. 인두에 상재하는 폐렴알균이 실제로 병을 일으키는지에 대해서는 아직 충분한 연구가 이루어지지 않았다. 사슬알균 중에는 비병원성으로 구강 안에 존재하는 상재균들이 많다.

사슬알균과 위대한 발견들

폐렴알균은 성장하는 과정에서 세포 농도가 일정한 수준에 도달하면 "DNA 수용" 세포로 변할 수 있다. "DNA 수용성"이라는 말은 환경으로부터 DNA를 받아들여 자신의 특성을 변화시킬 수 있다는 말이다(82페이지 참조). 이렇게 획득한 유전자로 세균의 유전적 특성이 바뀌는 것을 형질전환이라고 한다. 프레더릭 그리피스가 1928년 실험에서 처음으로 세균의 형질전환 개념을 밝힌 것이 폐렴알균이었다. 그 뒤 후속 연구에서 DNA가 유전 정보의 원천이라는 것이 밝혀졌다.

A군 사슬알균은 처음 tracrRNA가 발견된 세균이다. tracrRNA는 크리스퍼 유전자 집단의 윗부분에 위치한 *cas* 유전자의 상부에 암호화되어 있고, Cas9 단백질을 표적 DNA로 이끄는 역할을 한다(4장, 그림 10 참조).

헤모필루스 인플루엔자균

이 호흡기 세균(*Haemophilus influenzae*)은 1892년에 처음 알려졌다. 세포막 바깥으로 두꺼운 협막이 둘러싸고 있는 균주도 있고, 그렇지 않은 균주도 있다. 귀에 감염을 일으키는 세균의 40%를 차지하는 것이 협막이 없는 세균이다. 반면, 협막이 있는 헤모필루스 인플루엔자균은 귀에도 감염을 일으키지만 수막염, 패혈증, 폐렴을 유발하는 경우가 더 많다. 이 세균은 종종 호흡기 감염에서 폐렴알균과 함께 발견된다. 베타락탐 항생제 분해효소를 만들어 항생제에 내성을 보이지만 그래도 아직까지는 치료할 수 있는 항생제가 있다. 백신은 1990년대 초부터 보급되기 시작하였다.

뇌수막염과 수막알균

사슬알균과 마찬가지로 수막알균은 사람의 인두에 정상적인 상재균으로 존재할 수 있다. 보균자는 균이 있어도 건강하며, 전혀 증상이 없다. 평균적으로 인구의 5-10%에서 무증상으로 수막알균을 보유하고 있지만, 특정 지역에서는 50-75%까지 높은 비율로 존재하기도 한다. 수막알균은 사람에서 사람으로 전염된다. 비인두에 있는 세균이 혈액에 들어가면 대뇌의 미세혈관에서 혈액-뇌 장벽을 넘어 수막으로 가서 뇌수막염을 일으킨다. 세균이 혈액에서 증식하면 전격성 자반이라고 하는 심각한 패혈증을 일으킨다. 뇌수막염과 패혈증은 치명적이어서, 치료하지 않고 방치하면 몇 시간 내에 사망한다. 다행히 수막알균은 아직까지 일반적

항원 변이와 숙주의 방어작용 무력화

수막알균(*Neisseria meningitidis*)은 자신의 세포 표면을 변화시켜 항원성의 측면에서 새로운 옷으로 갈아입을 수 있다. 표면에 항원으로 작용하는 단백질이 비슷하지만 약간 다르게 변형될 경우, 숙주가 전에 들어온 세균에 대항해서 만들어둔 항체는 쓸모가 없어진다. 이것이 여러 병원성 세균의 속성인 "항원 변이"이다. 수막알균과 같은 속에 속하는 임질균(*Neisseria gonorrhoeae*)도 항원 변이를 잘 일으킨다. *Neisseria* 속의 세균들은 선천적으로 성장의 모든 단계에서 환경의 DNA를 받아들일 수 있는 DNA 수용세포이다.

으로 사용되는 항생제에 잘 듣는다. 환자가 회복된 후에도 심각한 신경학적 후유증이 지속될 수 있으므로, 가능한 한 무증상 보균을 피하려는 노력이 필요하다.

리스테리아증과 리스테리아균

*Listeria monocytogenes*는 1926년 영국 캠브리지대학의 동물보호소에서 토끼와 기니피그에 원인을 모르는 질병이 집단으로 발생했을 때 에버리트 조지 머레이에 의해 발견되었다. 이 세균은 나중에 식품과 관련된 병원균으로 확인되었다. 신생아에게 생기는 뇌수막염의 대부분은 리스테리아균이 원인이다. 임산부는 특히 이 세균에 취약한데, 과거에 설명할 수 없었던 유산들 중 많은 경

리스테리아: 침습성 감염을 연구하는 모델 세균

리스테리아는 기회감염을 일으키는 병원균으로, 지난 30년 동안 분자생물학, 유전학, 유전체학, 세포생물학의 기술을 종합적으로 활용해서 연구를 해 온 대상이었다. 그 결과 리스테리아는 감염생물학에서 가장 광범위하게 연구된 모델 중 하나가 되었다.

리스테리아는 대식세포의 탐식작용을 회피하고, 식세포가 아닌 세포에 들어가서 증식하며, 인체의 세 가지 주요 방어벽인 장관, 혈액-뇌 장벽, 태반을 가로지르는 능력을 가지고 있다. 리스테리아는 포유류 세포의 표면에 존재하는 수용체와 상호작용하는 인터날린 A와 B, 두 개의 표면 단백질을 통해 상피세포로 들어간다(그림 16).

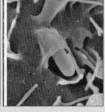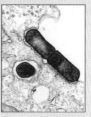

그림 16. 리스테리아균이 사람 세포에 침입하는 순간. 주사 전자현미경(왼쪽과 가운데)과 투과 전자현미경(오른쪽) 사진.

리스테리아 감염의 가장 놀라운 현상 중 하나는 이 세균이 세포를 통과해서 들어갈 수 있고, 또 한 세포에서 다음 세포로 옮아갈 수 있는 능력이 있다는 것이다. 이 능력은 숙주의 세포 안에 있는 액틴을 한데 모아서 묶을 수 있기 때문에

다음 페이지 연결

생긴다. 세균 세포의 한쪽 끝부분에서 *ActA* 단백질이 발현하는 것을 포함해서 이 메커니즘을 연구하는 과정에서 액틴 핵형성인자인 Arp2/3 복합체를 처음으로 발견했다(그림 18 참조). 최근의 리스테리아 연구에서는 RNA 조절자에 의해서 유전자의 발현이 조절되는 유형들이 새롭게 알려지기도 했다.

우가 리스테리아 감염 때문이었을 것이다. 리스테리아는 음식을 통해서만 전염된다. 세균이 장에 들어가면 장 점막을 통과하여 표적 기관인 태반과 뇌에 도달한다. 임산부는 감염되기가 더 쉽다. 이에 따라 아기는 출생 도중 감염되고, 종종 조산되기도 한다. 리스테리아는 기회감염균으로, 노인과 면역력이 약한 개인을 감염시킨다. 따라서 임산부와 그 외 위험군에 속한 사람들은 치즈, 생우유, 포장 육류제품과 같이 리스테리아가 오염되어 있을 가능성이 높은 식품은 피하는 것이 좋다. 식품안전 규정에서도 리스테리아를 주요 감시항목으로 정해서 위험을 줄이고 있다. 다행히 리스테리아는 아직까지 여러 항생제에 잘 듣기 때문에 조기 진단과 치료로 수막염과 그 신경학적 후유증을 예방할 수 있게 되었다. 또한 리스테리아증은 소나 양과 같은 가축에게 영향을 미치는 수의학적 문제로서도 중요하다.

장관 감염

콜레라와 콜레라균

콜레라균은 19세기부터 인도와 여러 아시아 국가들에서 알려진 것으로, 사람에게 전파력이 매우 높은 감염병인 콜레라의 원인이다. 이 세균은 1884년 캘커타에서 로베르트 코흐에 의해 처음 분리되었고, 콜레라의 병원체로 확인되었다. 그러나 이보다 앞서 1854년 이탈리아에서 필리포 파치니가 이 세균을 분리했다는 증거가 있다. 콜레라의 주요 증상은 설사, 위장염, 구토이다. 콜레라를 치료하지 않고 방치하면 치명적일 정도로 탈수가 빠르게 진행된다. 감염은 대개 오염된 물이나 음식물을 섭취해서 걸리고 대변-구강 경로로 퍼진다. 잠복기는 2시간에서 5일로 짧다. 이 질병은 나이와 상관없이 어린이와 어른 모두에게 영향을 미친다. 2010년 1월 아이티에서 지진이 생기고 난 다음 유행한 바 있듯이 콜레라는 자연재해와 함께 위생 조건이 나빠지면 크게 번질 수 있다. 당시 아이티의 지진으로 22만 명이 사망했고, 이어진 콜레라는 8,500명의 목숨을 더 앗아갔다. 콜레라는 구강으로 적절하게 수분과 염분을 보충해주면 쉽게 치료할 수 있다. 탈수가 심하면 정맥으로 수분을 보충해주어야 한다. 전염병이 돌 때 꼭 필요한 조치는 오염되지 않은 음용수를 공급해주는 일이다. 콜레라를 예방하기 위한 백신들은 짧은 기간 동안만 보호 효과가 있다.

콜레라균의 독성인자

콜레라균(*Vibrio cholerae*)에는 두 가지 중요한 독성인자가 있다. 하나는 탈수를 유발하는 콜레라 독소이고, 다른 하나는 생물막을 형성할 수 있도록 하는 IV형 선모이다. 독소는 용원성 박테리오파지에서 기원한다. 선모는 염색체의 병원성 섬에 암호화되어 있고, ToxR 조절기에 의해 독소와 함께 조절된다.

콜레라균은 VI형 분비계를 가진 것으로 밝혀진 최초의 세균 중 하나이다(그림 14 참조). 이 세균은 특정 조건에서는 DNA 수용성이 있어서 위의 선모와 다른 선모를 이용하여 외부의 DNA를 획득할 수 있다.

살모넬라균: 위장염과 장티푸스

살모넬라균은 위장염과 장티푸스를 일으킬 수 있다. *Salmonella enterica*의 혈청형 Typhimurium은 식중독의 원인으로, 발열, 설사, 구토, 복통 등의 증상을 보이는 위장염을 일으킨다. 살모넬라는 다양한 식품을 오염시킨다. 건강한 성인은 일반적으로 특별한 치료가 필요 없지만, 심각한 감염이나 사망의 위험이 있는 노인, 수유부 또는 면역력이 약한 개인은 항생제 요법이 권장된다. 동물들도 살모넬라증에 걸릴 수 있다.

장티푸스는 *Salmonella enterica*의 혈청형 Typhi와 Paratyphi에 의해 생긴다. 개발도상국에서는 장티푸스가 오염된 음식이나 열악한 위생을 통해 전염되는 심각한 질병으로, 패혈증과 고열을 일으켜 치명적 합병증으로 발전할 수 있다. 또, 감염된 사람들 가운

살모넬라균의 독성

살모넬라균의 독성인자는 수많은 연구의 주요 주제였다. 세포 안에서 서식하는 이 세균은 대식세포에서 살고 증식하지만, 상피세포로도 들어갈 수 있다. *Salmonella enterica*는 두 가지 유형의 III형 분비계를 가지고 있고, 그 유전자는 SPI-1과 SPI-2의 두 병원성 섬에 집중되어 있다. 첫 번째 분비계는 세균이 세포에 들어갈 수 있도록 하고, 두 번째 분비계는 세균이 세포 안의 액포에서 증식할 수 있게 한다. 두 분비계가 만들어내는 단백질은 감염된 세포의 세포 골격을 변형시키거나 특정한 신호전달 경로, 특히 선천성 면역반응에 관여하는 경로를 억제한다.

데 일부는 무증상 상태를 유지하면서 대변으로 균을 지속적으로 배출하여, 오염된 손을 통해 무의식적으로 질병을 퍼뜨릴 수 있다. 살모넬라 균주는 항생제 내성을 획득했기 때문에 치료제의 선택이 제한될 수 있다. 현재 주로 쓰이는 약물에는 플루오로퀴놀론과 세프트리악손이 있다. 장티푸스는 백신으로 예방할 수 있지만, 더 중요한 예방 전략은 위생 개선과 식품 안전에 주의를 기울이는 일이다.

대장균

대장균은 1885년 테오도르 에스케리치에 의해 발견되었다. 이 세균은 그람음성 막대균이다. 사슬알균, 임질균, 포도알균처럼 둥그런 모양의 알균과는 다르다. 대장균은 사람의 장내 미생물총의 주요 구성 요소이다. 그러나 균주에 따라서는 위장염, 신우신염 (콩팥의 감염), 비뇨기 계통의 감염, 뇌수막염, 패혈증, 패혈성 쇼크와 같은 다양한 질병의 원인이 되기도 한다. 대장균은 일반적으로 문제를 일으키지 않으면서 대장에 서식하지만, 각 균주가 가지는 특성에 따라서 방광이나 신장, 심지어는 뇌까지 이동할 수 있다. 가장 널리 연구된 균주 중에는 요로병원성 대장균, 장병원성 대장균, 장출혈성 대장균이 있다. 특히 장출혈성 대장균 중에서는 O157:H7 균주가 잘 알려져 있다. O157:H7은 유럽과 미국에서 덜 익힌 쇠고기 햄버거를 섭취한 사람에서 심각한 질병을 유발한 경우가 많아서 "햄버거 세균"이라는 별명을 얻었다. 햄버거는 많은 고기 조각들을 합치고 다져서 만들기 때문에 제조 과정에서 세균에 오염될 가능성이 있고, 또 오염균이 햄버거의 안쪽으로 들어가면 덜 익힌 상태에서는 사멸되지 않는다. 장병원성 대장균은 강력한 시가 독소를 생성하여 장 세포를 파괴한다.

2011년 유럽에 장출혈성 대장균 O104:H4 변종으로 인한 치명적인 위장염이 발병해서 47명이 사망한 일이 있었다. 전염병 발생 초기에는 스페인의 오염된 오이가 원인인 것으로 여겨졌으나, 이후 이집트의 오염된 호로파 씨앗에서 자란 새싹으로 만든 샐러드에서 비롯된 것으로 드러났다. 추가로 진행된 연구에 따르면 이 병원체는 대장균 중에서 또 다른 범주에 속하는 균주인 장응집성 대장균(EAEC)에서 유전자를 획득한 장출혈성 대장균이었다는

장병원성 대장균과 세포 부착성: Tir의 놀라운 이야기

대장균은 균주에 따라 성질이 매우 다양하다. 대부분은 비병원성이다. 하지만 어떤 병원성 균주는 독성인자인 선모가 있어서 상피세포의 표면에 강하게 부착할 수 있다. 대장균 중 요로병원성 대장균은 신장으로 이동하기 전에 방광에서 생물막을 형성하는데 여기에는 철분이 부족하다. 그래서 요로병원성 대장균은 철을 흡수할 수 있는 철분포획체를 가지고 있다. 시가 독소를 만드는 장출혈성 대장균이나 CNF1 독소를 만드는 요로병원성 대장균처럼 매우 강력한 독소를 만드는 균주도 있다.

장병원성 대장균은 장 세포에 부착할 수 있는 아주 독특한 전략을 가지고 있다. 이 세균은 III형 분비계를 사용하여 Tir 단백질을 숙주의 장관 상피세포의 세포막에 주입한다. 그다음으로 세균 자신의 표면에 발현되는 단백질인 A/E 단백질 인티민이 이미 세포막에 박아둔 Tir 단백질과 결합한다. 이 인티민과 Tir의 상호작용은 숙주 세포의 세포 골격을 변형시켜 장 조직에 손상을 일으킨다. 장병원성 대장균은 주로 유아와 어린이에게 설사를 유발한다.

것이 밝혀졌다.

대장균은 실험실에서 배양하기 쉬운 세균이기 때문에, 발견된 이후로 유전자 연구와 임상 연구를 위한 좋은 모델이 되어 왔다. 프랑수아 자콥, 앙드레 르보프, 자크 모노는 대장균에서 유전자 발현을 연구한 공로로 1965년 노벨상을 수상했다. 이 세균은 산업적으로 성장호르몬이나 인슐린과 같은 유용한 단백질을 대량 생산하기 위한 유전공학에도 이용되었다. 이 과정은 인간이나 동물 세포에서 단백질을 추출하는 이전의 방법보다 훨씬 안전하고 효율적이었다. 이 작업이 가능해지면서 1980년대와 1990년대에 사람의 뇌하수체에서 수집한 성장호르몬을 받은 사람들이 프리온에 의한 질병인 크로이츠펠트-야콥병에 걸렸던 것과 같은 비극을 피할 수 있게 되었다. 그러나 다른 많은 세균들과 마찬가지로 항생제, 특히 퀴놀론과 세팔로스포린에 내성을 보이는 대장균이 나타났다.

의료관련 감염

장알균

장알균은 산소가 있는 환경에서나 없는 환경에서 모두 자랄 수 있는 사람 장관의 상재균이다. 보통은 사람과 다른 포유류에게 해가 없지만 가끔 요로감염을 일으킨다. 이 세균은 여러 항생제에 내성이 있어서 입원 환자의 경우 감염으로 사망하는 원인이 되기도 한다.

장알균의 독성인자

장알균(*Enterococcus faecalis*)은 기회감염을 일으키는데, 이 세균의 독성인자는 카테터와 같은 무생물 표면이나 세포에 부착하는 능력이다. 또 장알균은 생물막 형성에 관여하는 단백질 분해효소를 발현하기도 한다.

포도알균

포도알균에는 병원성 균주도 있고 피부나 점막 표면에 상재균으로 있으면서 특정 조건에서만 병을 일으키는 균주도 있다. 포도알균 중에서 황색포도알균은 혈액한천배지에서 자랄 때 집락이 노란색으로 보이기 때문에 그런 이름이 붙었다. 황색포도알균은 포도알균 중에서 가장 독성이 강하다. 아마도 의료관련 감염의 가장 흔한 원인일 것이다. 그리고 대부분의 균주는 여러 항생제에 내성을 보인다. 황색포도알균은 식중독, 피부나 점막의 감염 등 여러 유형의 감염을 일으킨다. 이 세균의 감염에서 나타나는 특이한 증상은 대부분 독소 때문에 생긴다. 피부 감염은 종기에서 농양에 이르기까지 다양한 형태를 취한다. 어떤 균주는 피부가 광범위하게 벗겨지게 만드는 엑스폴리아틴이라는 독소를 만들어 화상피부증후군이라는 병을 일으킨다. 이 병은 특히 소아일 경우 증상이 심하다. 황색포도알균에 의한 점막의 감염은 빠르게 패혈증으로 발전할 수 있다. 독성쇼크증후군은 장 독소로 인해 생기는 드문 질병인데, 대부분이 황색포도알균이 원인으로, 치명적인 경우가 많다. 포도알균은 병원에서 보철물이나 이식된 인공물을 오염시키기도 한다. 포도알균 감염증은 항생제로 치료해야 하지만 반코마이신이나 메티실린을 비롯한 여러 항생제들에 내성이 있는 균주가 나타남으로 인해서 치료에 어려움이 많다.

녹농균: 화상과 폐의 낭포성 섬유증

슈도모나스균에는 사람, 동물, 식물에 병을 일으키는 종과 병원성이 없이 공생하는 종이 있다. 이 세균은 고인 물에서부터 냉난방 장치 계통의 물에 이르기까지 아주 다양한 습한 장소에서 발견된다. 그중 우리 주변에 가장 널리 퍼져 있고 가장 많이 연구된 종이 녹농균, 즉 *Pseudomonas aeruginosa*이다. 녹농균은 피오사이아닌이라는 푸른색의 색소를 내는 경우가 많기 때문에 감염 부위가 청녹색을 보여서 녹농균이라고 부른다. 피부의 화상이나 상처 부위에 2차감염을 일으키는 기회감염 병원체이다. 또 여러 가지 소독제, 방부제, 항생제에 잘 견디기 때문에 의료관련 감염의 원인이 된다.

녹농균은 특히 유전질환인 폐의 낭포성 섬유증 환자에게 가장 흔한 병원균이다. 낭포성 섬유증 환자를 돌볼 때는 폐의 기능이 잘 유지되도록 하고 녹농균의 감염을 막는 것이 아주 중요하다. 녹농균이 내는 피오사이아닌은 낭포성 섬유증 환자에서 호흡기 세포의 섬모 기능을 방해한다. 그래서 낭포성 섬유증을 앓고 있는 환자에게서 녹농균이 보이면 직접적인 감염의 징후가 없더라도 즉시 항생제 치료를 하는 것이 중요하다.

슈도모나스 중에는 탄화수소와 유기물을 분해하는 종이 있어서 유출된 기름과 같은 환경오염 물질을 정화하는 데 유익하게 활용되기도 한다.

녹농균

녹농균(*Pseudomonas aeruginosa*)은 상대적으로 큰 게놈(6백만 개의 염기쌍)과 많은 독성인자들을 가지고 있다. 이 세균은 외독소 A, 외독소 S와 같은 독소, 호모세린 락톤을 통한 정족수 인식, III형과 VI형 분비계, IV형 섬모 등 여러 종류의 분자들을 연구하고 세균의 생리 현상을 이해하는 데 사용되어 왔다.

클렙시엘라

클렙시엘라속의 세균들, 특히 폐렴막대균(*Klebsiella pneumoniae*)
은 사람과 동물의 소화기와 호흡기에 상재하는 그람음성 막대균
이다. 그렇지만 다른 공생 세균들처럼 조건만 맞으면 병원성이 될
수 있다. 폐렴막대균은 베타락탐 항생제를 분해하는 효소를 갖고
있는 경우가 많기 때문에 중환자실에 입원한 환자에게 폐렴을 잘
일으키고 치료도 잘 안되는 세균이다.

성병

임질과 임질균

임질균(*Neisseria gonorrhoeae*)은 말 그대로 성병인 임질을 일으
키는 세균으로, 1879년 알베르트 나이서가 발견하였다. 이 세균은
주로 축축한 점막에서 증식하기 때문에 건조한 상태가 되거나 산
소에 노출되면 쉽게 죽는다. 임질은 한때 가장 흔한 생식기의 세균
감염이었지만 이제는 클라미디아 감염증이 더 많이 발생한다. 임
질은 사람을 통해서만 전파된다. 여성의 경우 종종 감염된 사실을
알아채기 힘들 만큼 대부분 드러나는 증상이 거의 없지만, 임질에
걸리면 불임과 같은 심각한 결과를 초래할 수가 있다. 남성의 경우
에는 감염되면 매우 고통스러우며, 치료하지 않고 방치하면 만성
합병증을 유발할 수 있는 염증성 요도염으로 진행되기도 한다. 임
질균은 과거에는 페니실린으로 쉽게 치료했지만 다른 많은 세균
들과 마찬가지로 이제는 내성이 생겼다. 현재의 치료법으로는 세
프트리악손, 아지트로마이신, 독시사이클린이 있으며, 이 가운데

뒤의 두 가지는 클라미디아의 치료에도 사용된다.

클라미디아 트라코마티스

*Chlamydia trachomatis*는 세포 안에서만 생존할 수 있는 세균으로, 현재 포유류 세포 이외의 다른 세포에서는 배양할 수 없다. 클라미디아 감염은 미국에서 사람유두종바이러스, 헤르페스바이러스, 트리코모나스 감염에 이어서 네 번째로 흔히 보고되는 성병이다. 증상이 모호하여 남성과 여성 모두 모르고 지나치는 경우가 많다. 클라미디아는 사람과 사람의 접촉에 의해서만, 그것도 콘돔과 같은 보호구를 사용하지 않은 성교를 통해서, 또는 출산 중 산모에게서 아기로 전염된다. 남성의 경우 클라미디아는 고환이나 요도의 감염을 일으킬 수 있다. 여성은 골반염증성 질환이 생기고, 심하면 불임에 이를 정도로 임신 관련 문제를 유발할 수 있다. 클라미디아 트라코마티스는 또 눈꺼풀에 전염성이 높은 감염인 트라코마를 일으켜서, 적절한 의료 서비스가 제공되지 못하는 지역에서 실명의 주 원인이 된다.

군대의 질병

티푸스는 1812년 러시아에서 퇴각하는 나폴레옹 군대를 몰살시켰다. 이 티푸스, 즉 발진티푸스는 장티푸스와는 무관하다. 이 질병은 제1차세계대전 당시 참호의 군인들을 덮쳤고, 나치 강제수용소를 통해 확산되었다. 발진티푸스는 수백 년 동안 전쟁과 함께 나타나면서 맹위를 떨쳤다. 이 감염병은 독성이 매우 강한 세균인 *Rickettsia prowazekii*에 의해 발생하며, 고열, 두통, 극심한 피로를 나타낸다. 세균의 이름은 1915년 전쟁포로수용소의 환자들에게 생긴 발진티푸스를 연구하던 중 사망한 동물학자인 하워드 리케츠와 스타니스로스 폰 프로바젝의 이름을 따서 지어졌다.

*Rickettsia prowazekii*는 열악한 위생 상태에서 몸니에 의해 퍼진다. 감염된 숙주로부터 이가 혈액을 빨아들일 때 세균이 이의 장으로 들어가서 번식한다. 이는 세균이 가득한 노폐물을 배출하고, 사람이 이에 물린 자리가 가려워서 긁는다든지 혹은 다른 이유로 해서 피부가 손상되면 그 자리를 통해 세균이 들어가서 감염을 일으킨다. 제1차세계대전이 끝날 무렵에 발견된 살충제 디디티를 사용해서 발진티푸스의 발병을 크게 줄일 수 있었다. 이 세균은 매우 위험하고 독성이 강하기 때문에 결핵균이나 나균처럼 연구하려면 보안이 철저한 실험실에서만 해야 한다. 미국에서는 Select Agent* 병원균으로 분류하고 있어, 이 세균을 연구하려면 안전한 시설과 함께 연방정부의 승인이 필요하다.

생물 테러와 관련된 세균

탄저균

탄저균은 1876년 로베르트 코흐에 의해 처음 배양되었다. 코흐는 탄저균이 토양에서 수년간 생존할 수 있는 아포를 형성한다는 것을 발견했다. 이 세균은 사람뿐만 아니라 양이나 염소와 같은 여러 동물들까지도 감염시킨다. 토양의 아포가 공기를 통해서 전파되거나 혹은 음식물에 들어 있는 아포가 체내에 들어와서 감

탄저균의 세 가지 단백질 독소

탄저균(*Bacillus anthracis*)에는 보호항원, 부종인자, 치사인자의 세 가지 독성 단백질을 암호화하는 플라스미드가 있다. 이 단백질들은 보호항원과 부종인자 또는 보호항원과 치사인자가 짝을 이루어 존재한다. 보호항원은 세균을 세포와 결합시키고, 부종인자나 치사인자가 세포 안으로 들어갈 수 있게 한다. 부종인자는 아데닐산 고리화효소로, 세포에서 cyclic AMP의 농도를 증가시켜 세포가 변형되게 하는 효소이다. 치사인자는 유사분열 활성화 단백질을 인산화하는 효소로, 대식세포의 용해와 같은 해로운 결과를 초래한다. 플라스미드는 또 세균을 둘러싸고 있는 협막을 암호화한다. 세균이 협막으로 둘러싸여 있으면 대식세포에 잡아먹히는 것을 피할 수 있다.

염될 수 있고, 사망률이 매우 높다. 루이 파스퇴르는 에밀 루와 샤를 샹베를랑의 도움으로 1881년 프랑스 푸이이-르-포르에서 공개적인 백신접종 실험을 실시했다. 이 유명한 실험은 성공적인 예방접종의 첫 번째 사례 중 하나로, 당시 주요 언론의 타이틀 기사로 장식되었다.

탄저균에 감염되면 세 가지 주요 질병이 나타난다. 즉 피부 탄저병, 위장 탄저병, 흡입 탄저병이 그것이다. 피부 탄저병은 감염된 동물의 아포가 긁힌 부위와 같은 상처를 통해 피부에 들어갈 때 발생한다. 치료를 받으면 심각하지 않다. 위장 탄저병은 감염된 동물의 덜 익힌 고기를 섭취하여 발생한다. 미국에서는 탄저병에 대한 동물 예방접종을 엄격하게 관리하고 있어서 발병률이 낮다. 흡입 탄저병은 가장 심각한 형태이다. 공기 중의 아포를 흡입한 후 긴 잠복기가 지나서 증상이 나타나고, 생명을 위협하는 폐렴과 패혈증으로 이어질 수 있다. 흡입 탄저병은 치료하지 않으면 거의 90%의 사망률을 보인다. 아주 적극적인 치료를 하면 환자의 약 55%는 회복된다. 2001년에 9·11 테러 직후 미국에서 우편으로 발송된 탄저병 아포로 인해 사망한 5명은 모두 흡입 탄저병에 걸려서 사망했다.

새로운 질병

헬리코박터 파일로리 위염

헬리코박터 파일로리는 나선형으로 꼬여 있는 모양을 따서 명명된 세균으로, 불과 30년 전에야 위궤양, 위염과의 연관성이 밝혀졌다. 배리 마셜과 로빈 워런은 1982년 헬리코박터 파일로리가 위궤양을 일으킨다는 것을 발견했는데, 당시에 워런은 과감하게 세균 배양액을 마셔서 자기 자신을 세균에 감염시켜 심각한 위염이 생긴다는 것을 증명했다. 그 당시에는 위궤양은 위의 강한 산성에 의해서 생기는 것으로 생각했기 때문에 위궤양의 치료는 제산제가 주를 이루었다. 그래서 어떤 세균이 위의 산성에 견디면서 위 점막에서 증식하고 있을 뿐만 아니라, 세균에 의해서 위궤양이 발생한다는 주장은 받아들이기 힘든 것이었다. 의학계에서는 12년이 지나서야 그 질병과 세균 사이의 연관성을 인정했고, 위궤양 치료제로 항생제가 제산제를 대체했다. 호주의 두 병리학자 마셜

헬리코박터 파일로리

헬리코박터 파일로리(*Helicobacter pylori*)가 가지고 있는 요소 분해효소가 요소를 암모니아와 이산화탄소로 바꾸면 위점막의 산도가 낮아져서 헬리코박터가 산성이 높은 위에서 견디면서 정착할 수 있게 된다. 또 이 세균이 만든 암모니아는 강한 염증을 유발하는 헬리코박터 생성 화합물을 도와서 인체에 독성을 나타낸다.

과 워런은 이 연구로 2005년 노벨상을 받았다.

헬리코박터 파일로리는 고대로부터 사람과 오랫동안 함께해 온 세균이라는 것이 밝혀졌지만, 대부분의 사람들에게는 질병을 일으키지 않는다. 인류의 약 50%가 보균자이고, 보균자를 포함해서 세계 인구의 3분의 2가 이 세균에 감염된 것으로 추정된다. 유전학적 연구로 5만 8천 년 전의 호모 사피엔스에서 이 세균을 갖고 있었던 증거를 찾아냈다. 헬리코박터 파일로리 감염을 치료하지 않고 방치하면 위궤양이 위암의 위험을 상당히 높인다. 헬리코박터는 분명하게 암을 유발하는 세균으로는 처음 확인된 세균 중 하나이다.

라임병과 보렐리아균

헬리코박터와 마찬가지로 보렐리아균(*Borrelia burgdorferi*)도 나선 모양의 세균이다. 100년 전 아메데 보렐이 보렐리아와 또 다른 나선형 세균인 매독균이 완전히 다른 세균이라는 것을 알아냈기에 속명을 그의 이름을 따서 지었다. 이처럼 이 세균이 알려진 것은 오래전이지만 그것이 라임병을 일으킨다고 하는 것은 1980년대에 알려진 일이다. 보렐리아균은 사슴이나 멧돼지와 같은 야생의 대형 포유동물에 기생하는 진드기나 이에 물려 전염된다. 라임병은 처음에는 진드기에 물린 부위에 붉은 반점이 생기고, 나중에는 독감과 유사한 증상을 나타낸다. 근육통이나 신경학적 합병증, 때로는 심장의 문제를 일으킬 수도 있다. 라임병은 항생제로 치료할 수 있다. 하지만 초기에 치료하지 않으면 세균을 완전히 박멸하기가 매우 어렵다.

대부분의 세균이 원형 염색체를 갖는 것과 달리 보렐리아는 선형의 염색체를 가지고 있고, 또 선형과 원형의 플라스미드를 많이 갖고 있다.

재향군인병과 레지오넬라균

1976년 필라델피아에서 열린 미국 독립 200주년 기념대회에 4천 명 이상의 퇴역 장병들이 참석했다. 그들이 머물던 벨뷰-스트랫포드 호텔에서 182명이 원인을 알 수 없는 폐렴에 걸렸고, 그중 29명이 사망했다. 나중에 폐렴의 원인으로 새로운 세균이 분리되면서 레지오넬라(*Legionella pneumophila*)라고 명명되었다. 이 세균은 호텔의 냉방 장치를 통해 확산된 것으로 밝혀졌다. 세균이 분리되고 나서는 레지오넬라에 의한 발병 사례가 프랑스, 스페인, 호주, 영국, 미국 등 전 세계에서 관찰되었다. 레지오넬라는 물에 서식하는데, 냉각탑의 따뜻한 물이나 온수저장소의 물처럼 따뜻한 온도의 물에서 잘 자란다. 그리고 *Vermamoeba* (변경 전의 속명은 *Hartmanella*) *vermiformis*와 같은 아메바 안에서 살 수도 있다. 감염은 항생제로 치료가 가능하지만, 레지오넬라 폐렴 환자의 사망률은 10-15%로 상대적으로 높은 편이다.

*Clostridioides difficile**

이 세균은 얼마 전까지만 해도 *Clostridium difficile*이라고 불렸다. *Clostridium* 속의 세균은 엄격하게 산소가 없는 상태에서만 자란다. *Clostridium difficile*이라는 이름은 1935년에 이 세균을 처음 발견한 이반 홀과 엘리자베스 오툴이 세균을 분리하려고 할 때 겪은 어려움에서 따왔다. 이 세균의 새로운 이름이 *Clostridioides difficile*이다. 이 세균은 장관에서 질병을 일으키지 않고 소수로 존재하기도 한다. 이 세균은 대부분의 항생제에 내성이 있기 때문에 환자의 다른 감염증을 항생제로 치료하는 경우 장관 속에서 살아남을 수 있다. 이 상태가 계속되어 이 세균이 과도하게 증식하면 매우 심각한 위장 증상이 생긴다. 그래서 *Clostridioides difficile*은 항생제 치료를 받는 환자, 특히 입원 환자에게 설사를 일으키는 주요 병원균이다. 더욱이 이 세균이 위협적인 것은 아포를 형성하여 보통 사용하는 소독제에 잘 견디기 때문에 병원 환경에서 잘 생존할 수 있다는 것이다. 현재 전 세계적으로 *Clostridioides difficile* 감염 사례가 증가하고 있으며, 특히 요양시설의 노인층에서 더욱 심하다.

개발도상국에서 만연한 질병

보툴리누스균

보툴리누스균(*Clostridium botulinum*)은 토양에서 발견되는 세균으로 파상풍균처럼 혐기성 환경에서 자라고 아포를 만들 수 있는 세균이다. 아포는 열에 강하기 때문에 저온 살균과 같은 약한 살균 방법으로는 잘 죽지 않는다. 아포가 좋은 환경을 만나서 증식하게 되면 심각한 질병을 유발하는 독소를 생성한다. 갑작스런 근육 수축을 일으키는 파상풍 독소와 달리 보툴리눔 독소는 근육의 수축을 방해하여 전신마비를 유발한다. 호흡기 근육이 영향을 받으면 환자가 질식할 수 있다. 살균 처리가 제대로 되지 않은 통조림이나 충분히 가열되지 않은 식품, 냉장 보관된 식품에 이 독소가 포함되어 있으면 심각한 식중독을 일으키기도 한다. 그러나 다행스럽게도 오늘날은 식품안전에 대한 대중의 인식이 높아짐에 따라 이런 식중독은 매우 드물다. 보툴리눔 독소는 눈까풀이

처지는 현상을 치료하는 데 쓰일 수 있다. 그리고 일시적이지만 주름을 담당하는 근육을 마비시켜 주름을 치료하는 데도 사용된다. 이것이 바로 그 유명한 보톡스이다.

열대지방의 이질과 설사

이질은 열대 국가에서 많이 발생하는 설사병이다. 주로 다섯 살 미만의 어린이가 걸리고, 매년 수십만 명의 사망자가 발생한다. 여러 종의 이질균에 의해서 발생할 수 있다. *Shigella flexneri*는 풍토성 이질, *Shigella dysenteriae*는 가장 심한 유행병의 원인이며, *Shigella sonnei*는 선진국에서 간헐적으로 발생하는 이질의 원인이 되기도 한다. 이질은 장 점막의 심한 염증이 특징이며 항생제로 치료할 수 있다. 그러나 위생 상태를 개선하여 예방하는 것이 가장 좋다. 백신은 현재 실험이 진행 중이다.

모델 세균으로서의 *Shigella flexneri*

리스테리아, 살모넬라균과 함께 이질균은 가장 잘 연구된 병원성 세균 중 하나이다. 이질균에 대한 연구로 이질균의 숙주 방어를 회피하기 위한 전략뿐만 아니라 이질균의 병원성이 분자 수준, 그리고 세포 수준에서 명확히 밝혀졌다. 이질균은 대장균과 아주 비슷한 그람음성 막대균이다. 이 세균은 독성에 관련된 많은 유전자를 운반하는 플라스미드를 가지고 있다. 이 플라스미드에는 III형 분비계와 감염 중에 세균에서 진핵세포로 직접 전달되는 효과기의 유전자가 들어 있다. 예를 들어, 이질균의 세포 진입에 관여하는 단백질은 마치 자신이 포유류의 단백질인 것처럼 위장하여 숙주세포의 세포 골격과 상호작용한다. 또 어떤 단백질은 감염에 대한 숙주의 반응을 방해하는 효소 활성을 보인다. 이질균에 대한 연구에 따르면 펩티도글리칸은 세포 내 수용체 Nod 의존성 선천면역 반응을 유도하는 데 핵심적인 역할을 한다.

이 장의 용어

기회감염(opportunistic infection)

면역 능력이 정상인 건강한 사람에게는 병을 일으키지 않지만 에이즈와 같은 면역결핍 상태나 백혈병, 항암 치료와 같이 숙주의 면역이 약화된 상태에서는 병을 일으키는 미생물들이 있다. 이런 미생물에 의해서 생기는 감염을 기회감염이라고 한다. 대표적인 것이 HIV 감염자에서 에이즈가 발병할 때 생기는 폐포자충 감염과 같은 것을 들 수 있는데, 요즘 우리나라에서는 무료로 항바이러스제제를 보급하고 있기 때문에 감염자가 환자로 이행해서 이와 같은 감염이 생기는 경우가 많지 않다.

C. difficile: *Clostridium*인가, *Clostridioides*인가?

*Clostridium difficile*은 2016년 *Clostridioides difficile*로 속의 이름이 바뀌었다. 미생물이나 감염병을 공부하는 사람의 입장에서 미생물의 이름이 바뀌는 것을 자주 경험하는데, 좀 혼란스러울 때가 있다. 이 세균이 처음 발견되었을 때는 혐기성, 그람양성, 아포 형성이라는 성질을 갖고 있어서 *Clostridium* 속으로 분류되었다. 그후 유전적인 유사성을 비교하는 과정에서 이 세균의 상위 분류를 펩토스트렙토코쿠스과로 이동시키는 것이 맞다는 결론이 나왔다. 클로스트리디움속은 상위 분류가 클로스트리디움과이다. 그래서 처음에 새로운 속 이름으로 *Peptoclostridium*이 제안되었다. 균 이름이 하루 아침에 *Clostridium difficile*에서 *Peptoclostridium difficile*이 된 것이다. 이로 해서 많은 문제가 생겨났다. 이 세균은 소위 "*C. difficile* 위막성 대장염"이라는 병의 원인이어서, 각종 의

184

학 서적이나 의약품의 설명서와 같은 수많은 자료에 "*C. difficile*"
이라는 이름이 들어있다. 이제 그 이름들을 모두 *P. difficile*로 바꿔
야 하게 되었다. 바꾸는 것은 그렇다 치더라도, 그 두 세균이 같은
것을 가리킨다는 사실도 납득시키기가 어렵다. 그래서 이름을 새
로 짓기로 했다. 일단 약어는 동일하게 하고, 원래 이름과 되도록
이면 비슷한 이름으로 하자는 취지에서 *Clostridioides*라는 속 이름
이 제안되었다. 균 이름은 바뀌었지만 거의 같은 이름이어서 두
세균이 같은 것이라고 직관적으로 알 수 있게 되었고, *C. difficile*
이라는 약칭도 그대로 유지할 수 있게 된 것이다.

HIV/AIDS

HIV 감염자와 AIDS 환자는 구분할 필요가 있다. 사람이 사람면
역결핍바이러스(HIV)에 감염되면 바이러스에 의해 도움 T세포
가 파괴된다. 건강한 사람의 혈중에는 mm^3당 1,000개의 도움 T
세포가 있다. HIV 감염자는 치료받지 않으면 도움 T세포가 1년
에 40-80개씩 감소하고, 그 수가 대략 500개에 도달하면 그때부
터 기회감염이 생기기 시작한다. 도움 T세포의 수가 200개 아래
로 감소하면 이때 비로소 에이즈(AIDS, 후천성면역결핍증후군)
로 진단받게 된다. 즉, 에이즈는 HIV 감염자가 증상이 심해진 단
계를 말하고, 이 시기에 환자의 50-75%가 기회감염으로 사망한
다. 도움 T세포의 수가 100개 아래로 내려오면 히스토플라즈마
감염, 거대세포바이러스 감염, 조류형 마이코박테리아군에 의한
감염, 단순포진바이러스 감염 등이 줄줄이 그 뒤를 따른다. 에이
즈로 인한 사망의 90%는 기회감염이 원인이다. 1990년대 이후
항바이러스제제가 나오면서 약물 치료를 받을 수 있게 되어, HIV

감염 상태이지만 에이즈로는 진행되지 않은 사람이 많다.

Select Agents

적절한 번역 용어를 찾을 수 없어서 그대로 사용한다. Select agents는 미국의 연방정부 프로그램에 의해서 규제되는 생물제제로, 공중보건과 안전, 동물과 식물의 건강, 동물과 식물의 생산품에 심각한 위협을 줄 가능성이 있는 생물과 독소이다. 현재 67개가 지정되어 있다.

제
13
장

병원성 세균의 생존 전략

병원성 세균이 1980년대 후반부터 집중적인 연구의 대상이 되면서, 병원균이 인체에서 믿을 수 없을 정도로 다양한 전략을 사용한다는 것이 밝혀졌다. 파스퇴르와 코흐 이후 병원균에 대한 연구는 주로 인체의 감염 부위에서 병원균을 찾고, 그 세균을 배양하여 확인하고, 세균 배양액을 정제하여 독소로 추정되는 물질을 추출해서 동물(마우스, 기니피그) 실험이나 세포배양을 통해서 연구하는 일이었다. 그러나 최근에 새롭게 개발된 기술을 활용한 연구는 감염생물학의 새로운 시대를 열었다.

분자생물학과 세포생물학의 공헌

1980년대 분자생물학과 유전공학이라는 새로운 학문의 등장으로 병원성 세균에 대한 연구가 많이 이루어졌고, 관련 지식이

폭발적으로 증가했다. 1978년 베르너 아버, 다니엘 네이선스, 해밀턴 스미스는 염색체에서 DNA를 절단할 수 있는 효소인 "제한효소"를 발견한 공로로 노벨상을 수상했다. 이 효소는 원래 세균에 있는 단백질로, 세균에 들어온 박테리오파지의 DNA를 자르는 자기방어용 무기이다. 제한효소에 대해서는 17장에서 자세하게 설명할 것이다.

1980년대 말 연구자들은 제한효소를 이용해서 병원성 세균의 DNA 조각을 잘라내고, 그것을 플라스미드라고 하는 미니 염색체에 삽입하고, 이렇게 해서 만들어진 재조합 플라스미드를 비병원성 세균에 도입하여 기능을 분석하는 연구를 시작했다.

또 다른 중요한 진전은 분자생물학과 세포생물학의 결합이었다. 1980년대 말 연구자들은 포유류의 세포를 배양해서 분자 수준에서 감염을 분석하는 연구를 시작했다. 이 방법은 어찌 보면 지나치게 세세한 것을 파고드는 환원주의적 발상이라고 할 수도 있다. 하지만 방법의 정확도는 매우 높았다. 당시 광학현미경과 전자현미경의 성능이 개선되면서 확대 배율이 천만 배까지 높아졌다. 이때 공초점현미경도 처음 등장했다. 공초점현미경은 레이저를 사용하여 세균이나 세포의 구성 성분에 형광 화합물 "표지"가 부착된 부분을 고해상도로 볼 수 있게 했다. 또한 포유류 세포에 감염된 세균을 실시간으로 관찰할 수 있는 비디오 현미경도 사용하기 시작했다. 이렇게 해서 세포 안에서 세균이 행동하는 방식에 관한 연구가 이루어진 것이다. 그런데 뜻밖의 부수적인 성과들이 나타났다. 아니, 부수적이라고 하기에는 너무나도 중요한 현상들이 밝혀지기 시작했다. 포유류 세포에서 일어나는 기본적인 생리 현상들을 알 수 있게 된 것이었다. 이는 그때까지 명확하게 이해할 수 없었던 영역이었다. 이것을 계기로 그 이후부터는 세균이 포유류 세포를 분석하는 도구로 사용되기 시작했다. 미생물학과 세포생물학을 결합한 이 새로운 분야를 "세포미생물학"이라고 불렀다. 세포미생물학은 병원성 세균이 감염을 일으킬 때 강력하고 다양한 무기들을 사용한다는 것과, 숙주의 방어를 피하는 수단으로 매우 정교한 전략을 사용한다는 것을 보여주었다.

최초로 독성유전자를 클로닝하다

*Yersinia pseudotuberculosis*의 침입소(인베이신) 단백질

*Yersinia pseudotuberculosis*는 포유류 세포 안으로 들어갈 수 있다. 이 세균이 세포로 침입할 때 그 작용을 돕는 유전자가 무엇인가를 확인하는 데 제한효소가 이용되었다. 우선 세균의 전체 DNA를 분리하여 정제한 후 제한효소를 이용해서 절단했다. 그러면 제한효소가 DNA에 무작위로 존재하는 인식 부위를 찾아서 자르기 때문에, 제한효소에 따라서 적절한 크기의 크고 작은 DNA 조각들이 만들어진다. 그다음에 각각의 단편들을 플라스미드에 삽입하여 모델세균인 대장균에 집어넣었다.

이렇게 형질전환된 균주, 즉 예르시니아의 작은 DNA 조각들을 가진 수많은 대장균을 배양하면서 그 세균들 중에 어떤 것이 포유류 세포로 들어가는 능력이 있는지를 조사하였다. 그 결과 단 3kb의 뉴클레오티드로 이루어진 작은 단편을 가진 대장균이 포유류 세포에 침투할 수 있다는 것이 확인되었다. 이 실험은 예르시니아의 염색체 중 어느 한 부위에

다음 페이지 연결

숙주세포에 들어갈 수 있는 단백질을 암호화하는 유전자가 있다는 것을 보여주었다. 이 단백질을 침입소라고 명명했다.

살모넬라의 침입 유전자

살모넬라균이 포유류의 세포에 침입할 수 있다는 것도 오래 전부터 알려져 있었다. 위의 예르시니아에 대한 연구와 마찬가지로 살모넬라의 DNA도 분리, 정제하고 제한효소로 살모넬라의 DNA를 큰 조각으로 절단한 다음 플라스미드에 삽입하여 대장균에 도입했다. 이 실험에서 살모넬라로부터 이식된 40kb의 큰 단편을 운반하는 플라스미드가 들어온 대장균이 포유류 세포에 들어갈 수 있었다. 예르시니아에서 진행된 것처럼 살모넬라 DNA를 작은 단편으로 만든 실험에서는 세포에 들어갈 수 있는 형질전환 균주가 없었다. 이와 같은 실험으로 살모넬라는 염색체의 큰 조각에 포함된 유전자들이 같이 있어야 세균을 세포에 들어가게 할 수 있게 한다는 것을 알게 되었다. 이렇게 관련된 기능을 발휘하는 데 필요한 유전자 집단이 한 곳에 모여 있는 것을 "병원성 유전자 섬"이라고 부른다.

이러한 클로닝*이 처음에 비교적 쉽게 성공할 수 있었던 이유는 살모넬라균과 예르시니아균, 그리고 대장균이 모두 같은 장내세균과에 속하고 상당히 유사한 세균이었기 때문이다. 클로닝 기법은 중요한 질병을 일으키는 세균 연구에 여전히 많이 사용되면서 병원균의 독성인자의 탐색에 중요한 발전을 가져오고 있다.

세포에 부착은 하지만 세포 안으로 들어가지는 않는 세균

모든 병원성 세균들이 숙주에서 똑같이 행동하는 것은 아니다. 세균들은 각자 자신의 공격 메커니즘을 가지고 있다. 어떤 세균은 숙주세포에 들어가지는 않고, 세포 외부의 특정 부위에 부착한다. 세균은 그곳에서 증식하면서 고유한 독소를 방출하여 숙주에 질병을 일으킨다. 어떤 독소는 세포를 직접 죽인다. 다른 독소는 림프구와 그 외의 면역반응 세포를 통해 염증을 일으킨다. 또 어떤 세균들은 세포의 외부에 약하게 부착되어 있으면서 분비한 독소가 숙주 전체에 퍼져 특정 기관에 영향을 미치기도 한다. 예를 들어 파상풍 독소는 중추신경계로 이동하여 시냅스 전달을 방해하여 발작과 마비를 유발한다. 콜레라 독소는 장관의 상피세포에서 물과 이온이 빠져나오게 하여 물 설사를 유발한다. 디프테리아 독소는 단백질 번역 시스템을 변형시켜서 단백질 합성을 차단하여 세포를 죽인다.

독소들은 아주 다른 방식으로 세포막이나 세포 내부의 다양한 표적에 작용한다. 세포의 구성 요소를 가역적 혹은 비가역적으로 변형시키거나 완전히 파괴할 수도 있다. 독소는 세포 내 화합물을 포획하여 작동하지 못하도록 하는 억제제의 역할을 하기도 하고, 효소로 작용하여 특정 화합물을 변형시킬 수도 있다.

단 한 가지 독소만으로 병을 일으키는 세균은 거의 없다. 감염과 질병은 일반적으로 복합적인 여러 요인에 의해서 생긴다. 예를 들어 장병원성 대장균은 장 점막에 도달하여 Tir 단백질을 장관 세포에 주입한다. 이 단백질은 장관의 상피세포 표면에 세균을 고정시키는 역할을 한다. 그런 다음 일종의 자동차 연료주입구와 같

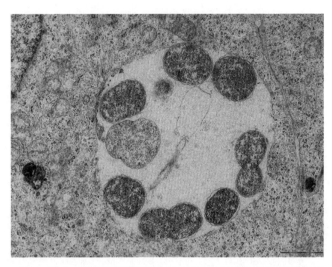

그림 17. 사람 세포에 들어간 후 형성된 액포 내부의 클라미디아 세균. 일부 세균은 분열 과정에 있다.

은 III형 분비계를 사용하여 감염된 세포의 여러 부분을 표적으로 하는 단백질들을 계속 주입한다. 이러한 표적 중에는 장 상피세포의 융모가 정상적인 기능을 유지하는 데 필수적인 부분도 포함된다. 장병원성 대장균에 의해 유발된 위장염이 진행됨에 따라 상피세포의 융모가 사라지면서 장관은 혼란에 빠진다.

III형 분비계를 사용하는 세균은 많지만 표적세포에 주입하는 단백질은 세균에 따라 다르다. *Yersinia pseudotuberculosis*의 III형 분비계는 침입자를 포획하고 박멸하는 세포인 대식세포에 효소를 주입하여 대식세포의 기능을 마비시킨다. 세균에서 분비되는 이 효소를 항탐식인자라고 한다.

살모넬라균과 이질균은 III형 분비계를 사용하여 숙주세포에 세포의 구조나 세포 골격 또는 세포막을 형성하는 단백질을 공격하는 독소를 주입해서 자신이 세포 안으로 들어갈 수 있도록 한다.

일단 세균이 숙주세포 내부에 안전하게 들어가면 이 세균은 계속해서 독소를 분비하여 세포의 평형을 무너뜨리고 이웃 세포와의 상호작용을 방해한다. 클라미디아의 III형 분비계에 의해 생성되는 단백질의 역할은 아직 정확히 밝혀지지 않은 상태이다(그림 17).

III형 분비계는 단백질을 숙주세포로 집어넣어 숙주세포의 정상적인 대사 경로나 메커니즘을 가로채고 파괴하는 일종의 독소 주입구로 작용한다. 이런 분비계는 III형 분비계 말고도 몇 가지 다른 유형이 있다. 레지오넬라가 사용하는 IV형 분비계와 앞에서 언급한 세균들 사이의 전투에서 사용되는 VI형 분비계 등이 그것이다.

침습성 세균

리스테리아균(*Listeria monocytogenes*)은 III형 분비계가 없어도 세포 안에 들어갈 수 있다(그림 18). 그리고 세포 안에 들어가서는 그 안에 존재하는 모든 영양소를 섭취하며 세포 내부에서 활발하게 증식할 수 있다. 리스테리아균이 세포에 들어가는 능력은 세균의 표면에 있는 두 개의 단백질, 즉 인터날린 A와 B에 의해 매개된다. 이들은 진핵세포 표면에 있는 수용체 단백질과 결합한다. 수용체 단백질은 본래 자신이 수행하는 고유한 기능이 있지만, 세균의 인터날린에 선점당하는 것이다. 이 해적 행위를 통해 리스테리아균은 장관, 태반, 심지어 혈관-뇌 장벽 등 숙주의 여러 장벽을 통과할 수 있다. 리스테리아가 장관의 장벽을 통과한 후 혈류에 도달하여 신체의 여러 부위로 퍼지는 방식은 흥미롭다. 장관의 세포는 모든 부위에 인터날린 A 수용체를 균질하게 발현하지 않는다. 하지만 세균은 장관의 융모 끝부분, 수용체가 발현된 위치를 잘 찾아갈 수 있다. 장 상피세포는 융모 기저부에서 생성되어 위로 이동하고 거기서 세포 사멸과 탈락이 이어지는 삶의 주기를 갖고 있다. 이 과정에서 세포에서 E-캐드헤린이라고 하는 수용체가 노출되고, 리스테리아의 인터날린 A는 이 수용체와 아주 높은 친화력이 있어서 거기에 부착한다. 리스테리아가 세포 안으로 진입하는 또 다른 부위는 점액을 분비하는 세포인 술잔세포이다. 세균은 이 경로로 점액층과 상피세포를 손쉽게 통과해 혈류로 들어갈 수 있다.

리스테리아가 일단 세포 내부로 들어가면 세포의 유연성을 담당하는 액틴 단백질을 끌어모아서 세균 자신의 한쪽 끝에서부터 시작하는 긴 필라멘트를 형성한다. 아주 기발한 능력을 가진 세균이라고 할 수 있다. 이 필라멘트는 세균이 한 세포에서 다음 세포로 이동하기 위해 세포막을 통과할 수 있는 강력한 추진력을 제공한다. 이것이 리스테리아가 세포에서 세포로 이동할 때 숙주가 지닌 항체와 같은 항균 화합물로부터 세균 자신을 보호하면서 이동하는 방식이다. 이렇게 세균의 끝에 붙어 있는 필라멘트가 형광 염색을 했을 때 일종의 "혜성"처럼 보이기 때문에 액틴 혜성이라고 불린다(그림 18).

리스테리아가 액틴을 활용해 이동하는 운동성은 아주 놀랍다. 세균은 분당 약 10μm의 속도로 이동할 수 있어서 5분 안에 포유류 세포를 관통할 수 있다. 이 현상에 대한 연구로 우리는 사람의 세포가 움직이는 메커니즘을 이해할 수 있게 되었다. 숙주세포 내부에서 리스테리아는 세포 내 단백질 중에서 전에 기능이 알려지지 않았던 WASp 단백질과 유사한 ActA라는 세균 단백질을 표면에 발현한다. 세균은 ActA를 사용하여 세포의 모양과 움직임을 제어하는 메커니즘에 관련된 물질을 끌어 모은다. 따라서 세균의 ActA 단백질을 연구함으로써 암의 발생과 암이 전이를 일으키는 현상에 대한 근본적인 세포 메커니즘을 더 잘 파악할 수 있게 되었다. ActA는 세포생물학에서 감염에 대한 연구로 예상치 못한 발전을 가져온 사례 중 하나이다.

세균은 숙주세포 안으로 들어가서 증식하기도 하고 한 세포에서 다음 세포로 이동하기도 한다. 이 모든 과정에서 세균은 세포

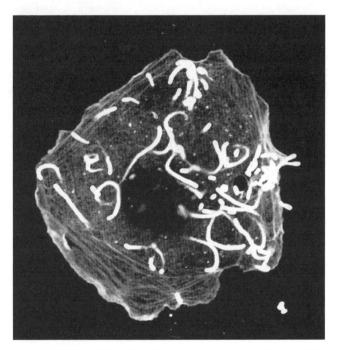

그림 18. 리스테리아에 감염된 세포와 액틴 혜성. 포유류 세포에서 리스테리아균은 액틴을 모아서 세균의 한쪽 끝부분인 후극에서 뭉치게 한다. 이 그림에서 세균은 빨간색 형광을 띠는 항리스테리아 항체로 표지되었고, 액틴은 액틴과 결합하는 팔로이딘과 녹색 형광을 띠는 표지자인 FITC의 복합체 FITC-팔로이딘으로 표지되었다.[5]

---

5 [역주] 단색 인쇄라서 색깔 구별이 되지 않는다. 그림에서 흰색 줄로 보이는 부분이 세균과 액틴으로, 뭉툭한 앞부분이 세균, 긴 꼬리 부분이 액틴이다.

의 방어 메커니즘을 회피해야 한다. 이때 세균이 사용하는 "가로 채기 전략" 중에는 감염된 세포의 핵에 뉴클레오모둘린을 주입하는 전략이 있다. 이 단백질은 핵을 조절한다는 의미를 갖고 있는 이름 그대로 핵을 조종할 수 있다. 진핵세포의 핵에는 DNA와 단백질로 구성된 염색체(인간은 22쌍의 상염색체와 한 쌍의 성염색체 XX/XY, 총 23쌍)가 있다. 이들은 특정 조건에서는 느슨하게 풀어지지만 보통 때는 고도로 집적된 복합체인 염색질을 형성한다. 염색체가 아주 고밀도로 집적된 부분을 이질염색질이라 하고, 비교적 느슨하게 집적된 부분을 진정염색질이라고 한다. 진정염색질은 유전자가 활성화되어 전사되는 영역이기 때문에 전사와 관련된 화합물과 효소가 접근해야 해서 덜 조밀하다.

뉴클레오솜은 DNA를 감아서 저장하는 단계 중에서 히스톤 단백질 8개로 이루어진 심의 둘레를 DNA 분자가 둘러싸고 있는 모양이다. 뉴클레오솜은 DNA가 집적되는 첫 단계의 기본 단위를 형성한다. 이 뉴클레오솜들이 서로 가까이 붙어 있을수록 염색질은 더 고농도로 집적되게 되고, 뉴클레오솜 사이가 떨어져 있으면 염색질은 느슨하게 퍼진다.

어떤 세균이 분비하는 단백질은 세포의 핵에 들어가서 염색질의 구조를 변경시키고 결과적으로 세포가 단백질을 만들기 위해서 전사하는 과정에 개입할 수 있는 것으로 밝혀졌다. 이 단백질을 뉴클레오모둘린이라고 한다. 어떤 뉴클레오모둘린은 뉴클레오솜의 심을 이루고 있는 히스톤 단백질을 변형시킨다. 또 염색질 복합체의 구조와 전사 작용을 변화시키는 것도 있다. 뉴클레오모둘린에 대해서는 17장에서 자세하게 설명할 것이다.

이와 관련해서 지금 우리가 가장 알고 싶어 하는 중요한 주제는 병원성 세균의 뉴클레오모둘린에 의한 염색질 변형이 언제까지 지속되는가 하는 것이다. 이 변형은 유전자의 정보에 의한 변화가 아니라 후성유전학적 변화이다. 그 변화가 세균이 세포에 더 이상 남아 있지 않을 때에도 계속될 수 있을까? 만약 그렇다면 그 말은 세포가 과거의 감염을 "기억"할 수 있고, 동일하거나 유사한 감염을 막기 위해 어떻게든 사전에 활성화시킬 수 있음을 의미한다. 이 의문을 풀기 위한 연구 또한 활발히 진행 중이다.

유전체학의 기여

유전체학의 발전으로 감염생물학에 대한 연구에 커다란 진전이 이루어졌다. *Haemophilus influenzae*는 어린이에서 호흡기나 귀에 감염을 일으키는 병원성 세균으로, 1995년 크레이그 벤터가 설립한 유전체연구소에서 유전체 서열이 완전히 해독됨으로써 유전체 전체의 염기서열이 밝혀진 최초의 생물이 되었다. 그 후 다른 많은 세균들의 유전체 서열이 밝혀졌다. 지금은 한 세균의 유전체 전체를 분석하는 것이 그리 어려운 일이 아니다. 처음 시도되었을 때보다 훨씬 짧은 시간, 몇 달이나 몇 년이 아닌 단 하루 안에 완성할 수 있다. 소요되는 비용도 과거의 수십억 원 수준이 아닌 백만 원대 정도로 충분히 감당할 수 있는 수준이다.

유전체학의 발전으로 기존의 유전학에 기반한 접근법과는 완전히 다른 접근법, 즉 포스트게놈* 접근법이 가능해졌다. 과거에는 단일 돌연변이를 가진 세균에서부터 출발하여 돌연변이를 찾아내고 분석한 다음 돌연변이로 나타나는 표현형의 분자적인 메커니즘을 이해하려고 했다. 그러나 지금은 연구자들이 각각의 유전자들을 대상으로 해당 유전자의 돌연변이를 만들어 기능을 알아내고 돌연변이의 특성을 분석한다. 이 접근법을 우리는 역유전학이라고 한다.

포스트게놈 비교연구도 매우 유익하다. 비슷한 두 종의 세균 중에서 병원성 세균과 비병원성 세균의 게놈을 비교하면 감염에 관여하는 유전자를 찾아낼 수 있다. 예를 들어 *Listeria monocytogenes*와 *Listeria innocua*의 유전체 비교연구는 이 방식으로 수행되었다. 또, 같은 균종의 세균에서도 염기서열 분석 기술을 사용하면 서로 다른 균주 간의 모든 사소한 변이를 연구하여 어떤 균주가 다른 균주보다 더 치명적인 이유를 알 수 있다. 게다가 감염이 지속되는 짧은 기간 동안 세균의 게놈이 변이를 획득하는지도 알 수 있다. 현재는 감염의 지속성에 대해서 다양한 연구가 이루어지고 있다.

결론적으로, 병원성 세균이 사용하는 많은 전략들이 분자생물학, 유전체학, 유전학, 세포생물학 등 여러 분야에서 사용하는 기술들로 다시 태어나게 되었다. 세포미생물학이 감염에 대한 우리의 지식을 획기적으로 늘려 주었지만, 또 다른 혁명적인 발전이 일어나고 있다. 신체의 여러 부위에 존재하는 미생물총의 역할을 이해하고, 미생물총에 들어 있는 각각의 세균들이 가지고 있는 다양한 역할을 알아낼 수 있게 하는 것이 그것이다. 그리고 그다음 단계는 세포 수준의 연구에서 얻은 결론이 실제 임상적으로도 유효한가를 평가하는 일이 될 것이다.

이 장의 용어

클로닝(cloning)

DNA 클로닝은 유전공학적으로 DNA 조각을 세균에 집어넣어서 세균이 성장하고 증식함에 따라 자연스럽게 무수히 많은 DNA 복제품을 얻어내는 방법이다. 분자생물학에서 PCR이 개발되기 전에 특정 유전자를 연구하기 위해서 동일한 DNA를 대량으로 만드는 목적으로 많이 사용했다. DNA를 클로닝하려면 먼저 플라스미드를 세균에서 분리한 다음, 원하는 DNA 조각을 제한효소로 적절한 크기로 잘라서 플라스미드에 집어넣는다. 이렇게 만들어진 재조합 플라스미드를 다시 세균에 넣어주면 재조합 세균이 된다. 그러면 세균이 성장과 증식을 하면서 유전적으로 동일한 클론(유전적 복제품)을 복제하여 유전자를 대량으로 만들어낸다.

포스트게놈 시대(postgenomic era)

게놈 프로젝트는 인간 유전자 배열을 분석함으로써 유전자 지도를 완성하기 위한 프로젝트로, 1980년대 후반 미국을 중심으로 유럽, 일본, 캐나다, 중국 등이 참여하여 2003년 완성되었다. 이로써 인간게놈지도를 이용하여 유전병을 일으키는 잘못된 염기서열을 바로잡고, 각자에게 맞는 맞춤 약을 처방할 수 있는 길이 열렸다. 그러나 인간의 DNA 염기서열만 밝혀지면 질병과 관련된 각종 문제가 해결될 것으로 생각했던 것과는 달리 아직도 해결되지 않은 부분이 많이 남아 있다. 또 게놈지도를 악용할 수 있는 문제점들도 적잖이 드러나고 있다. 포스트게놈 시대는 이렇게 게놈지도가 완성된 뒤에 문제점들이 생겨나고, 사회의 모습이 변화하

는 시대를 통틀어 이르는 포괄적인 개념이다. "포스트게놈"이라
는 말은 "포스트게놈 시대"뿐만 아니라 "포스트게놈 프로젝트",
"포스트게놈 접근법" 등과 같은 말로 쓰인다.

제
14
장

곤충의 병원성 세균

지구상의 동물들 중 가장 다양한 모습으로 살아가는 생물은 바로 곤충이다. 이 세상에는 백만 종 가까운 곤충들이 있는데, 이는 다른 동물의 종을 모두 합한 것보다 많은 수이다. 곤충도 바이러스, 세균, 진균, 기생충에 감염되지만 어떻게 감염되는지에 대해서는 별로 알려진 바가 없다. 곤충에서 미생물 감염에 대한 최초의 연구는 1865년 파스퇴르의 연구를 들 수 있는데 이는 경제적 동기에서 시작되었다. 파스퇴르는 프랑스의 양잠산업에 영향을 주는 누에의 질병을 연구해서, 이 질병이 단세포 진균인 마이크로스포리디아가 누에의 림프혈액에 감염되고, 생식세포를 통해 다음 세대로 전달된다는 것을 확인했다.

최근에는 꿀벌에 영향을 미치는 질병, 특히 세균 *Melissococcus pluton*에 의해 유발된 유럽 부저병, *Paenibacillus larvae*에 의한 미국 부저병을 포함하여 벌통의 유충에 영향을 미치는 질병이 문제가 되었다. 그렇지만 우리는 이미 이런 벌통 유충의 몰살이 전적으로 세균에 의한 것은 아니고 환경적인 요인과 결합하여 생긴 것임을 잘 알고 있다.

곤충이 다양한 병원체의 매개체가 될 수 있다는 사실이 알려지면서 한동안 곤충과 미생물의 상호작용에 많은 관심이 집중됐다. 오랫동안 곤충은 자신의 몸체 표면에 묻어 있는 미생물, 구강이나 배설기관으로 나오는 미생물, 혹은 곤충이 동물을 물 때 전달되는 미생물들을 수동적으로 옮기는 매개체라고 생각해 왔다. 하지만 상황은 훨씬 더 복잡하다. 인간이 곤충에 의해 전파되는 전염병의 위험에서 벗어나려면 곤충과 병원균에 대한 지식이 더 많이 필요하다. 이 주제에 대한 기초 연구는 초파리를 통해 여러 차례 수행되었다. 브루노 레마이터와 율레스 호프만 연구팀은 이 연구로 선천면역의 일반 원리를 발견하여 2011년 호프만이 노벨상을 수상하기도 했다. 선천면역을 가진 곤충은 자신은 만들어내지 않지만 병원성 세균에서 흔히 보이는 펩티도글리칸과 같은 물질을 인식하는 메커니즘을 가지고 있다. 이러한 물질은 곤충의 첫 번째 방어선 중 하나인 비특이적 방어 메커니즘을 자극한다. 곤충에는 선천면역만 있고 적응면역은 없다. 즉, 외부에서 들어온 이 물질을 특이적으로 인식하여 그에 대응하는 면역체계를 가지는 것은 고등동물에게서만 발견된다.

곤충은 아주 다양한 환경에 존재하면서 세균과 상호 유익한 공생 공존의 관계를 맺기도 하지만, 때로는 세균에 의해서 치명적인 감염병에 걸리기도 한다. 예를 들어 초파리는 *Erwinia carotovora, Pseudomonas entomophila, Serratia marcescens*와 같은 세균에 감염될 수 있다. 곤충은 주로 오염된 음식을 섭취할 때 이런 세균에 노출되는 것으로 보인다.

곤충은 사실 세균에 대한 여러 가지의 방어선을 가지고 있다. 첫 번째는 자신을 보호하는 표피이다. 그러나 세균은 골격의 손상된 부분을 통해서 체내로 침투할 수 있다. 또 곤충의 입, 항문 또는 숨구멍을 통해 체내로 들어갈 수도 있다. *Photorhabdus*나 *Xenorhabdus* 같은 세균들은 곤충의 유충에 파고 들어간 선충의 장 내부에 머물러 있다가 무임승차로 곤충을 감염시키는 것으로 관찰되었다. 선충이 곤충의 혈액림프에 도달하면 선충에서 빠져나와 유충을 죽이는 다양한 독소를 생성한다. 그런 다음 세균은 유충의 사체를 먹고 선충이 필요한 영양분을 생성한다. 세균은 또 위에서 언급한 볼바키아의 예처럼 곤충의 알이나 생식세포를 통해 수직으로 전파될 수 있다.

병원균이 곤충을 죽이는 방법에 대해서는 거의 알려진 바 없지만, 세균이 곤충 안에서 생존하고 증식하기 위해 곤충의 면역체계를 극복해야 한다는 것은 분명하다. *Bacillus thuringiensis*와 같은 세균은 곤충의 장관 세포를 파괴하는 독소를 생성한다. 이때 지질 분해효소, 단백질 분해효소, 헤몰리신과 같은 효소가 감염에 중요한 역할을 하는 것으로 보인다. 어떤 곤충병원성 세균들은 곤충에 독성이 있는 2차 대사산물을 생성하기도 한다.

결론적으로 다른 동물에서의 감염증과 같이 곤충의 감염은 숙주의 방어작용, 이에 대한 세균의 저항, 그리고 그 외 다양한 요인들이 합쳐진 복합적인 결과이다. 곤충은 식물의 가루받이나 식품으로서 인간에게 유익한 경우가 많다. 그래서 우리는 곤충의 생리와 방어체계에 대한 연구를 더 많이 할 필요가 있다.

제
15
장

식물의 병원성 세균

식물도 질병을 가지고 있다. 그러나 세균에 의해서 생기는 식물의 질병은 아주 적다. 식물의 주요 병원체는 진균이다. 바로 곰팡이가 식물 질병의 주요 원인인 것이다.

그렇지만 세균도 일부 병원성으로 작용한다. 식물병원성 세균은 자연적 현상으로 생긴 구멍과 상처 또는 식물을 쪼는 짐승이나 곤충에 의해서 생긴 손상을 통해서 식물에 침투한다. 식물에 침투한 세균은 다양한 증상을 유발한다. 이를테면, 식물의 잎에서 세균이 급속하게 증식하고 그에 따라 조직이 파괴되면서 국소적으로 썩은 반점을 만든다. 또, 특정 세포의 조절되지 않은 증식을 유도하여 혹과 같은 종양을 만들기도 하고, 식물 조직 내부에서 세균이 증식하면서 잎을 시들게 하기도 한다.

식물의 질병은 경제적으로 큰 영향을 미친다. 미국과 브라질에서는 *Xanthomonas citri*라는 세균에 의한 감귤 궤양병으로 수백만 그루의 나무를 잃었다. *Xylella fastidiosa*로 인한 포도나무의 피어스

병은 미국의 와인산업을 위협하고 있다. 이 세균의 변종은 현재 이탈리아 남부 풀리아 지역에 있는 올리브 나무를 죽이면서 지역 경제에 엄청난 파국을 초래하고 있다. 다행히도 그곳의 포도나무에는 영향을 미치지 않는 것 같다. 이 세균은 거품벌레의 장에서 생물막을 형성하고 있다가 식물로 들어간다.

대부분의 식물병원성 세균들은 *Acidovorax, Agrobacterium, Burkholderia, Clavibacter, Erwinia, Pantoea, Pectobacterium, Pseudomonas, Ralstonia, Streptomyces, Xanthomonas, Xylella, Phytoplasma, Spiroplasma* 속 중 하나에 속한다. 그 가운데 연구가 잘 되어 있는 것은 얼마 없다.

많은 식물 병원체는 사람이나 동물의 병원성 세균들에서 볼 수 있는 것과 아주 비슷한 전략을 사용한다. 예를 들어, III형 분비계는 예르시니아, 살모넬라, 이질균에서 효과기 단백질을 숙주세포에 주입하여 세균이 세포 안으로 들어갈 수 있도록 하는데, 이 분비계가 *Ralstonia solanacearum*과 같은 세균이 식물 세포에 수십 개의 효과기를 주입하는 데에도 사용된다. 식물도 동물에서 발견되는 것과 어느 정도 유사한 방어체계를 갖고 있지만, 여기서 식물의 방어체계를 자세히 언급하는 것은 이 책의 범위를 벗어난다.

*Agrobacterium tumefaciens*와 유전자변형생물

*Agrobacterium tumefaciens*는 토양에 서식하는 그람음성 막대균으로, 이름에서 알 수 있듯이 식물, 특히 나무에서 종양을 유발하는 세균이다. 이 세균은 Ti 플라스미드라고 불리는 플라스미드

를 가지고 있다. 세균이 식물 세포와 접촉하면 플라스미드의 조각인 T-DNA를 식물 세포의 핵에 주입한다. 세포에 들어간 세균의 DNA는 식물 세포의 게놈에 통합된다. T-DNA가 식물 세포에서 발현되면 식물의 성장호르몬인 옥신과 사이토키닌이 합성되어 감염된 식물에서 비정상적인 세포 증식이 일어나고 종양이 형성된다. 또 식물 세포는 오핀이라는 화합물을 생산하여 세균에 에너지와 탄소, 질소를 공급하는데, 이 화합물의 생산에는 T-DNA에 의해 만들어진 단백질 효소가 있어야 한다.

아그로박테리움과 Ti 플라스미드는 수많은 유전자 조작에 사용된다. 그래서 특정 재배식물이 제초제에 내성을 갖도록 만들거나, 식물이 *Bacillus thuringiensis* 독소를 생성하도록 유도하여 특정 곤충에 대한 내성을 갖도록 할 수도 있다. 이렇게 외래 유전자가 인공적으로 도입된 식물을 유전자변형생물, 즉 GMO*라고 한다.

그렇다면 식물에 질병을 일으키는 세균에 대항할 방법은 어떤 것이 있을까? 구리 활성 성분의 화학 분무제가 이 목적으로 이용된다. 그러나 항생제를 사용하면 세균이 항생제에 내성이 생기는 것처럼, 어떤 세균은 구리에 내성이 생겼다. 식물에 항생제를 사용하는 것은 벨기에의 과수화상병과 같은 일부 예외가 있지만 대부분의 유럽 국가에서 불법이다. 과수화상병은 *Erwinia amylovora*라는 세균에 의한 것으로, 나뭇잎이 불에 타서 화상을 입은 것처럼 말라죽는 증상을 보인다. 과수화상병은 사과, 배, 마르멜로와 같은 유실수에 치명적이다. 이 질병의 확산을 막는 방법은 나무의 병에 걸린 부분을 모두 잘라내어 불태우는 것뿐이다.

피토플라스마: 식물과 곤충의 병원성 세균

피토플라스마는 식물의 병원성 세균으로, 세포벽이 없다. 사람과 동물에 병원성인 마이코플라스마와 비슷한 작은 세균의 일종이다. 피토플라스마는 곤충의 필수 공생체로 자연에서 홀로 살 수 없고, 공생관계인 곤충에 의해 전염된다. 피토플라스마는 전 세계적으로 심각한 작물 손실의 원인이 되고 있다. 이 세균은 식물과 곤충의 세포 안에서 증식하는데, 곤충에서는 세포 밖에서도 증식할 수 있다. 곤충에서 피토플라스마는 장을 침범하고 통과하여 침샘에 도달한다. 감염된 곤충이 먹이를 먹을 때 세균은 식물에서 수액을 운반하는 조직인 체관으로 들어간다. 식물이 감염되면 증상은 보통 1주일 후에 나타나지만, 피토플라스마의 균주와 식물의 종에 따라 훨씬 더 오래(6-24개월) 걸리는 경우도 있다. 잠복기가 길기 때문에 식물의 감염병이 뒤늦게 발견되는 수가 많다. 수확 때가 되면 세균이 퍼지기가 더 쉽다. 감염되지 않은 곤충이 오염된 식물의 체관에서 먹이를 먹어서 세균이 유입되면 7일에서 최대 80일까지 식물에 감염을 전파할 수 있다.

피토플라스마는 광범위한 곤충 숙주를 가지고 있다. 특히 피토플라스마에 대해 잘 연구된 예가 있다. 피토플라스마는 매미충에 의해 매개되는 황화병이라는 병의 원인이다. 피토플라스마가 분비하는 여러 단백질은 식물 내부에서 확산되는데, 그중 일부는 세포핵에 도달할 수 있다. 그곳에서 세균 단백질은 식물호르몬인 자스모네이트의 생성을 억제하는 전사인자에 작용하여, 숙주의 방어력을 약화시키고 곤충 벡터가 알을 낳기에 유리한 조건을 제공한다. 그 외에도 식물 병원균에는 다른 효과기 단백질들, 예를 들면 식물의 황변과 시듦을 유발하는 잔토모나스균의 전사활성자 유사효과기(TALE) 같은 것이 있다. 애기장대는 실험실에서 가장 많이 사용되는 식물 모델로, 매우 짧은 수명을 갖는 겨자과의 작은 식물이다. 애기장대가 잔토모나스균에 감염되면 꽃잎이 녹색으로 변한다. 피토플라스마는 식물의 발달을 방해하는 다른 증상을 유발하기도 한다. 전형적인 증상으로는 나무의 잔가지가 많이 모여 자라는 빗자루병이 있다. 빗자루병은 가지에서 잔가지가 뭉쳐 나와 잎이 노랗게 변하면서 오그라들어 빗자루 모양과 흡사하게 변하는 현상을 말한다. 그리고 꽃이 되어야 할 자리가 잎 모양의 구조로 형태가 변하는 현상인 엽화 현상도 유발한다. 빗자루병과 엽화 현상은 식물이 꽃 대신 세균 자신이 좋아하는 잎을 만들도록 세균이 식물을 조종하기 때문에 생기는 현상이다. 피토플라스마는 이렇게 식물과 곤충 모두를 숙주로 삼는다. 즉, 감염된 식물이 계속 잎을 만들게 하고, 잎을 좋아하는 매미충 같은 곤충을 끌어들여 곤충을 타고 다른 식물로 이동한다.

피토플라스마는 식물에는 병원성이 있지만, 대개 곤충에는 아무런 증상이 나타나지 않는다. 그렇지만 곤충에게 어떤 영향을 줄 수도 있다. 예를 들면 곤충의 번식률을 높인다든지, 비행 양상에 영향을 준다든지, 곤충이 특정 식물을 선호하고 다른 식물을 좋아하지 않게 만들 수도 있다. 그리고 식물을 조종하여 다른 곤충이 좋아하는 숙주가 되게 할 수도 있다.

두 개의 피토플라스마의 게놈이 해독되었다. 그 결과 그들은 여러 유전자들, 특히 세포벽 형성에 관여하는 유전자들을 상실하여 곤충의 내공생체로 살아가기에 적당할 정도로 작아졌음을 보여주었다.

피토플라스마를 매개하는 곤충은 추위에 약하다. 그 말은, 기후 변화로 지구 온난화가 지속되면 매개곤충의 서식지가 이전에 살 수 없었던 지역까지 확대될 수 있고, 그에 따라서 세균의 서식 범위가 크게 늘어날 수 있다는 것을 시사한다. 따라서 앞으로 세월이 갈수록 피토플라스마 감염이 증가할 위험이 있다.

최근에는 유기농 식품과 농업에 대한 관심이 높아지면서 식물과 식물의 질병, 그리고 이러한 질병을 매개하는 곤충에 대한 연구가 늘어나고 있다.

이 장의 용어

GMO (genetically modified organism)

유전자변형생물체는 현대의 생명공학기술을 이용해서 인위적으로 새롭게 조합된 유전물질을 포함하고 있는 생물체(동물, 식물, 미생물)를 말한다. LMO와 GMO는 혼용되어 통상 같은 의미로 사용되기도 하지만, 엄밀하게는 약간 다른 의미가 있다. LMO(living modified organism)는 살아 있음을 강조하는 용어로, 생물이 생식·번식할 수 있는 상태임을 말하고, GMO(genetically modified organism)는 생식이나 번식이 가능하지 않는 것(예, GMO 옥수수로 만든 통조림)도 포함하는 포괄적인 의미를 갖는다. (해양수산부 홈페이지 참조. https://www.mof.go.kr/article/view.do?articleKey=4795&boardKey=27&menuKey=929&currentPageNo=1)

제
16
장

감염을 통제하는 새로운 비전

감염병의 유전론

병원성 세균이나 그 외 미생물에 노출되었을 때 모든 사람들이 다 병에 걸리는 것은 아니다. 그리고 질병의 증상도 사람마다 다르다. 이는 질병의 원인이 되는 병원균의 종류나 환경에 의한 것일 수도 있지만, 감염된 개인의 유전적 차이 때문일 수도 있다.

모든 개인이 이러한 병원체에 똑같이 감수성이 있는 것은 아니고, 파스퇴르가 강조하듯이 개인의 특성이 중요한 역할을 한다. 감염병에 대한 유명한 저서 『전염병의 등장과 소멸』의 저자이자 1928년 노벨상을 수상한 과학자인 샤를 니콜이 처음으로 무증상 감염을 정의했다. 어쨌든 우리가 지금 던져야 할 중요한 질문은 감염자 집단에서 임상 증상이 다양하게 나타나는 이유가 무엇인가 하는 것이다.

전염병의 유전론은 유전적 요인이 인구 집단의 전염병에 대한 취약성이나 저항성을 결정한다고 주장한다. 1920년대부터 1950년대까지 진행된 유전역학에 대한 연구는 질병과 유전적 소인 사이에 존재하는 결정적 연관성을 보여줌으로써 이론의 토대를 마련했다. 1954년 겸상적혈구병이 말라리아에 대한 저항력을 제공한다는 사실이 알려지면서 분자 수준에서 질병과 유전적 연관성이 밝혀졌다. 겸상적혈구빈혈이라고도 하는 이 질병은 헤모글로빈을 암호화하는 유전자의 한 부분에 돌연변이가 생겨서 나타나는 질병이다. 이로 인해서 적혈구가 낫 모양이 되어 말라리아를 일으키는 원충의 번식을 방해함으로써 말라리아 감염에 대한 저항력을 제공한다.

1952년 X 염색체 연관 무감마글로불린혈증이 발견되었다. 이 유전적 이상을 가진 어린이들은 호흡기나 소화기의 감염에 취약하다. 이 발견으로 전염병 유전학에 대한 멘델식 접근법이 시작되었다. 멘델식 접근법이란 여러 가지 전염병에 취약한 환자에게 나타나는 단 하나의 유전적 결함을 찾고자 하는 것으로, 이런 현상은 실제로는 아주 드물다. 무감마글로불린혈증은 X 염색체에 이상이 생겨서 발생하는 면역결핍 질환으로, 브루톤 티로신 인산화효소를 암호화하는 유전자의 돌연변이에 의해 발생한다. 이 효소는 B 림프구의 성숙에 관여하므로 돌연변이는 건강한 B 림프구의 발달을 방해한다. 이와 같은 발견으로 인간의 특정 유전자가 어떤 전염병에 취약하거나 혹은 저항성을 보이는 데 영향을 미칠 수 있음이 밝혀졌다.

결핵예방 백신인 BCG 백신이 가끔 감염을 유발할 수 있다. 장-로랑 카사노바가 이끄는 연구팀은 BCG 백신으로 인한 감염과 관련된 여섯 개의 유전자들을 확인할 수 있었다. BCG 감염에 걸린 어린이는 다른 병원체에 대한 면역능력은 정상이었다. 그런데 살모넬라에 대해서는 예외적으로 면역이 형성되지 않았다. 이 환아에게서 확인된 첫 번째 돌연변이는 면역, 특히 결핵균과 살모넬라에 대한 방어에서 중요한 신호전달 경로인 인터루킨-12/인터페론-감마 경로와 관련된 유전자였다.

어린이의 다른 감염병, 이를테면 침습성 폐렴알균 감염이나 헤르페스성 뇌염과 같은 감염에 대한 추가 연구에서도 유전적 변이의 중요성이 입증되었다. 세균에서와 마찬가지로 숙주에서도 작은 유전적 변화만으로 감염에 큰 영향을 미칠 수 있으며, 단일 돌연변이도 극적인 결과를 초래하기도 한다는 것이 밝혀진 것이다.

감염병의 위협이 세계화되다

최근에 새로운 감염병이 발생하면서 감염병의 세계화에 따른 건강 위협, 그리고 새로운 병원체의 출현에 사람, 동물, 환경의 상호작용이 미치는 영향에 대한 관심이 높아지고 있다. 그래서 세계보건기구와 세계동물보건기구가 "원헬스 계획"을 발의하게 되었다. 그 계획이 강조하는 바는 인간의 건강과 함께 동물의 건강을 보장하고 환경자원을 관리하기 위해서 통합적인 연구가 필요하다는 것이다. 의사, 수의사, 환경과학자는 서로 협력해야 한다.

사람의 감염병의 60%와 신종 감염병의 75%가 동물에서 기원한 인수공통감염병이다. 생물 테러의 도구로 사용될 가능성이 있는 병원체도 80%가 인수공통 감염을 일으킨다. 음식이나 공기를 통해서 또는 단순한 접촉으로 동물과 사람, 동물과 동물 사이에 감염이 전파될 가능성에 대비하기 위한 방책으로 공중보건과 동물보건을 담당하는 분야 사이의 협력이 필요하다.

인간의 이주, 삼림 벌채와 도시화로 인한 생태계의 변화, 그리고 기후 변화는 새로운 질병의 출현을 조장하고 있다. 생태계가 교란될 때 많은 병원체가 인간에게 위협을 가할 수 있다는 것이 입증되고 있다. 생태계 교란으로 병원체를 보유한 동물들이 우세해질 수 있고, 따라서 인간에게 이러한 병원체가 더 자주 더 쉽게 전달될 수 있다. 생물다양성이 유지되면 이와 같은 위험은 상당 부분 줄어든다. 생물다양성은 질병, 특히 매개곤충에 의해 전염되는 질병에 대한 보호 장벽으로 작용하기 때문이다.

가축의 생산 방법이나 사육 방식의 변화는 병원체의 순환에 유리한 조건을 제공하여, 미생물과 그 매개체가 거기에 적응함으로써 내성이 강해질 수 있다. 전염성이 높은 동물의 질병은 인간의 건강에도 심각한 위협이 될 뿐만 아니라 경제적으로도 중대한 결과를 초래한다. 마찬가지로 식물의 질병은 농산물 생산 감소를 초래하고 독소나 알러젠으로 인해 식량 안보와 공중보건에도 부정적인 영향을 미칠 수 있다. 생태계를 보존하고 동·식물의 병원체를 이해하는 것이 세계의 식량 안보에 매우 중요하다.

이런 점들을 고려해 볼 때 인간과 동물의 건강에 대한 연구, 식량 안보에 대한 연구, 그리고 환경 보존과 관련된 연구를 수행할 때 국제적, 다학제적으로 서로 협력하는 것이 무엇보다도 중요하다. 최근에 시작된 "글로벌 헬스"라는 계획은 각 개인이 처한 상황과 무관하게 세계의 모든 사람의 건강을 추구하고자 하는 것이다. 그리고 세계보건기구와 세계동물보건기구가 주창한 "원헬스 계획"은 사람, 동물, 환경의 건강에 대한 협력적이고 전체적인 감시를 계획하고 있다. 사람, 동물, 환경 이 모든 분야의 상호 협력에 중점을 두는 것이 "글로벌 헬스"와 "원헬스 계획"의 취지를 잘 살리는 것이다.

제4부

세균의 활용

제
17
장

세균이 연구의 도구가 되다

세균의 속성에 대한 연구와 같은 기초연구를 수행하면서, 그리고 세균이 환경에서 자원을 활용하는 메커니즘을 탐색하는 연구를 수행하면서 예상치 못했던 중요하고 놀라운 사실을 발견할 수 있었다. 연구 성과들은 과거 페니실린을 발견해서 항생제 시대를 연 것부터 시작하여 CRISPR/Cas9 시스템으로 게놈을 수정하고 편집할 수 있는 수준에까지 아주 다양하다. 이런 혁신적인 기본 원리들은 세균의 기초생리를 연구하는 과정에서 얻어진 것이지만, 세균과 무관하게 인류의 삶을 극적으로 향상시켰다. 이 장에서는 그중에서 가장 중요하고 가치 있는 발견들을 살펴볼 것이다.

제한효소

세균은 특정한 박테리오파지의 공격을 받고 난 다음에는 같은 종류의 파지가 다시 침입했을 때 크리스퍼 시스템을 사용하여 자신을 보호할 수 있다. 그러나 세균에 크리스퍼 시스템이 없거나, 있더라도 그 파지를 이전에 만나지 않은 경우라면 또 다른 방어체계인 제한효소*를 활용할 수 있다. 박테리오파지가 DNA를 세균에 주입하면 이 제한효소라는 단백질은 특정한 인식부위에서 DNA를 절단하여 파지를 죽일 수 있다. 세균 자신의 DNA에 있는 제한효소 작용 부위는 변형효소를 사용하여 형태를 미리 바꾸어 놓는다.

세균들은 종에 따라서 침입하는 파지의 DNA를 절단할 수 있는 자리가 다르다. 예를 들면, 대장균 RY13 균주의 플라스미드에 들어 있는 EcoRI 제한효소는 DNA의 GAATTC 부위를 인식하여 절단한다. 이 서열은 박테리오파지 DNA에서 매우 흔하기 때문에 EcoRI 효소는 침입 파지의 DNA를 절단하여 세균을 파지 감염으로부터 보호할 수 있다. 자기 자신의 염색체에 같은 서열을 가진 부위가 절단되는 것을 막기 위하여 세균은 메틸화효소로 GAATTC의 두 번째 아데닌을 변형시킨다. 이와 같은 메틸화 변형이 일어나면 GAA˙TTC가 되어서 EcoRI 효소에 의해 절단되지 않는다.

제한효소의 다른 예로, *Haemophilus influenzae*가 가진 효소 HindIII는 DNA의 서열 AAGCTT 자리를 자르고, *Bacillus amyloliquefaciens*에 있는 효소 BamHI는 DNA의 서열 GGATCC 자리를 찾아 절단한다. 물론 제한효소의 작용이 100% 효과적이지는 않기 때문에 바이러스가 여전히 많은 세균에 감염을 일으키고 세균을 죽이고 있다. 세균은 또한 위의 4장에서 설명한 크리스퍼 시스템에 의지하여 세균이 동일한 파지를 다시 조우했을 때 자신을 방어하기 위해 전에 만났던 파지의 기억을 유지할 수 있다.

초기에 제한효소를 이용한 연구를 진행할 때는 연구자가 세균을 배양해서 효소를 추출하고 정제해야 했다. 그러나 지금은 제한효소가 상용화되어 돈만 주면 쉽게 구입할 수가 있다. 제한효소의 종류도 아주 많아서, 절단할 목표가 되는 DNA 서열도 매우 다양하다. 더구나 지금은 매우 다른 상황에서도 작용할 수 있는 수백 가지의 제한효소들이 알려져 있다. 옐로스톤 국립공원의 간헐천은 온도가 높다. 그 뜨거운 물에서 발견되는 고온성 세균의 제한효소는 고온에서도 작용한다. 이제 제한효소는 세균이나 바이러스의 유전자를 분리, 복제하고 분석하는 실험실에서 일상적으로 사용되고 있다. 또 제한효소는 진핵세포의 유전자를 복제하여 세균에서 발현시켜 호르몬(특히 성장호르몬), 인슐린, 그 외 의약품과 연구 목적으로 사용되는 단백질을 생산하는 데도 사용된다.

중합효소연쇄반응

중합효소연쇄반응은 극소량의 DNA가 들어 있는 검체에서 DNA 단편을 검출하고 증폭하는 데 사용되는 기술이다. 현재 많은 병원의 진단검사의학과에서 감염증 진단의 목적으로 환자의 검체에서 바이러스, 세균 또는 기생충의 존재를 확인하기 위해 이 기법을 사용하고 있다. 다른 응용 분야로, 식품이나 미생물 배양액 등 여러 재료에서 미생물의 존재를 알려주는 DNA의 흔적을 검출하는 데도 쓰인다. 법의학에서는 이제 PCR 방법으로 DNA 검사를 실시하여 범인을 찾아내고, 유무죄를 판단하고, 심지어는 피고인의 누명을 벗겨 한 개인의 생명을 구하기도 한다.

PCR 기술은 1990년대 이후 "고생물학" 혹은 "고고미생물학"

이라는 새로운 학문을 등장시켰다. 연구자들이 고대의 사람 유골이나 동물의 뼈에서 세균의 DNA를 검출할 수 있게 된 것이다. 특히 결핵이나 페스트처럼 역사적으로 중요한 질병에 대한 연구 성과가 많다. 이러한 연구를 통해서 기원후 6세기 유스티니아누스역병의 원인이 페스트균이었다는 것을 명확하게 밝힐 수 있었다.

중합효소연쇄반응(Polymerase chain reaction, PCR) 기술

PCR의 원리는 1993년 노벨 화학상을 받은 캐리 멀리스에 의해 1980년대 후반 처음 제시되었다. 이 기술은 프라이머라고 하는 작은 DNA 조각이 이중가닥 DNA의 양쪽 끝에 상보결합이라는 과정으로 결합하는 데서 출발한다. PCR의 과정 혹은 원리를 설명하면 다음과 같다.

먼저 이중가닥 DNA 조각이 들어 있는 검체를 높은 온도(90℃ 이상)로 가열하면 이중가닥 DNA 단편이 두 개의 단일가닥으로 분리된다. 이것이 1단계이다. 그다음 검체에 프라이머를 넣고 온도를 적당한 수준(50-60℃ 정도)으로 낮추면 분리된 DNA 가닥의 특정 부위와 상보적인 서열을 가지고 있는 프라이머가 이중가닥을 형성한다. 사실 프라이머는 사전에 알고 있는 정보를 바탕으로 우리가 목표로 하는 이중가닥 DNA의 한 가닥 끝 부분 염기와 일치하도록 인위적으로 만든 짧은 단일가닥 DNA이다. 그래서 반대편 DNA 가닥과 상보결합을 할 수 있는 것이다. 이것이 2단계이다. 물론 이 단계에서 원래의 DNA끼리 이중가닥을 형성할 수도 있지만, 상대적으로 프라이머의 양이 워낙 많기 때문에 그럴 확률은 거의 없다. 그런 다음 고온에서 작용하는 세균 유래의 DNA 중합효소를 첨가하고 적당한 온도(72°C 정도)로 가열하면 효소는 프라이머의 끝에서 시작하여 각 DNA 단편의 단일가닥에 상보적인 DNA를 합성한다. 비어 있는 단일가닥 부분을 채워서 완전한 이중가닥을 생성하는 것이다. 이것이 3단계이다. 이렇게 세 가지 단계, 즉 고온으로 가열하여 이중가닥을 분리하고, 온도를 낮추어 단일가닥과 프라이머의 상보결합을 유도하고, 적당히 온도를 더 높여서 이중가닥을 합성하도록 하는 과정을 하나의 주기로 본다. 이 주기를 반복할 때마다 이론적으로 2배의 DNA 조각이 만들어지기 때문에, 30회 정도 반복하면 처음에 있던 하나의 DNA 조각은 20억 개 이상의 조각으로 "증폭" 생성되어 전기영동하면 쉽게 눈으로 확인할 수 있을 정도가 된다.

프라이머 결합으로 "부분" 이중가닥이 된 DNA를 완전한 이중가닥으로 만드는 효소가 DNA 중합효소이다. PCR 기법이 처음 개발될 당시에는 이 효소가 90°C 이상의 고온에서는 파괴되었다. 그래서 매 주기마다 새로 효소를 넣어 주어야 했다. 그 후 고온에서 생존하는 세균인 *Thermus aquaticus*의 효소(*Taq* 중합효소)가 사용되면서 그와 같은 불편함이 없어졌다.

PCR 기술은 적절한 프라이머, 즉 우리가 찾고자 하는 DNA의 일부에 상보적으로 부착할 수 있는 염기서열에 대한 사전 지식이 필요하다. 이것은 알려진 병원성 미생물을 조사하는 경우에는 가능하다. 하지만 미지의 감염병이

다음 페이지 연결

나 신종 감염병의 병원체 또는 특정되지 않은 범죄 용의자의 DNA를 찾으려고 할 때는 어떻게 해야 할까? 이 문제는 특정 유형의 DNA에서 매우 흔히 나타나는 서열에 상보적인 프라이머를 사용하여 해결할 수 있었다. 이러한 유형의 프라이머는 체액이나 대변에서 미지의 세균을 찾아내거나, 미생물총과 같이 매우 많은 종류의 미생물을 대상으로 연구할 때 사용된다. 또, 16S 리보솜 RNA에는 모든 세균에서 똑같은 서열을 갖는 부위가 있다. 이 보존된 영역에 대응하는 DNA를 목표로 하는 범용 프라이머가 사용되기도 한다. 미지의 병원체나 DNA를 찾기 위한 또 다른 대안은 세균이나 파지에서 유래한 연결효소를 사용하여 목표로 하는 DNA에 프라이머를 부착하는 것이다. 그러면 이 부분의 서열을 알고 있으므로 그에 대응하는 프라이머를 만들 수 있다.

PCR 기술에서 또 하나의 진전은 검체에 있는 RNA를 찾기 위한 역전사 PCR 기술이다. PCR은 기본적으로 DNA를 증폭시키는 방법이기 때문에, 역전사 PCR의 첫 번째 단계는 RNA를 DNA로 바꾸는 것이다. 이 과정은 DNA에서 RNA가 합성되는 전사 과정과 반대이므로 우리는 이것을 역전사라고 부른다. 역전사 PCR은 세균이나 포유류, 바이러스 등에서 생성된 RNA를 분석하는 RNA 염기서열 분석 기술의 핵심으로, 점점 더 광범위하게 쓰이고 있다.

PCR 기술은 현재 매우 널리 사용되고 있으며, 1시간 안에 10억 배 이상 DNA를 증폭할 수 있을 정도로 매우 빠른 속도로 실험이 진행될 수 있다.

세균과 광유전학

고균이나 세균, 특히 해양 세균 중에서 빛을 활용하여 에너지를 얻는 원핵생물이 많다. 빛은 광주성과 같은 다양한 생존 메커니즘에 참여한다. 광주성은 빛에 따라 생물의 움직임에 변화를 주는 성질을 말한다. 생명체가 광원 쪽으로 이동하면 양성 광주성이고, 광원의 반대로 움직이면 음성 광주성이다. 광주성을 보이려면 생명체가 빛을 인식해야 한다. 빛을 인식하는 단백질을 옵신이라고 한다. I형 옵신은 원핵생물에 있는 것으로, 광합성과 광주성의 기능을 갖는다. II형 옵신은 동물의 시각 계통에 있는 것으로, I형 옵신과 구조는 유사하지만 유전적으로는 관련이 없는 별개의 단백질이다. 박테리오로돕신은 세균에 있는 I형 옵신의 한 종류이다.

동물과 세균에서 보이는 옵신은 완전히 다른 단백질이지만 구조가 비슷하다. 세균의 옵신, 특히 박테리오로돕신의 기능에 대한 연구가 동물 뇌의 뉴런과 같이 일반적으로 빛에 반응하지 않는 다른 세포에서 옵신에 대한 반응을 보는 광범위한 연구로 이어졌다. 광유전학은 진핵세포의 생화학적 메커니즘을 제어하는 데 빛이 작용하는 과정을 연구한다. 광유전학 연구의 첫 번째 단계는 바이러스를 이용해서 원하는 뉴런의 하위 집단에 옵신을 도입하는 것이다. 또는 뉴런에 특별히 활성화되는 프로모터를 통해 로돕신을 발현하는 트랜스제닉 마우스를 사용할 수도 있다. 로돕신은 뉴런이 반응하지 않는 파장의 빛에 매우 빠르게 (밀리초 이내) 반응한다. 뇌가 광섬유나 그 외 적절한 광원으로부터 나오는 빛에 노출되면 로돕신을 발현하는 뉴런만 반응한다. 이러한 방식으로 표적 뉴런 집단을 구별하고 관찰할 수 있다.

로돕신 계열

로돕신은 세포막을 안팎으로 일곱 번 왔다갔다 하면서 횡단하는 부분을 가지고 있는 소형 분자이다. 로돕신의 작용에는 레티놀이 필요하다. 레티놀은 광자를 흡수하는 비타민 A와 구조적으로 유사한 화합물로, 로돕신의 작용에 보조인자로 쓰인다. 레티놀이 광자를 흡수하면 로돕신의 형태가 바뀌어 옵신의 7개의 막 횡단 영역에 의해 통로가 형성된다. 이 통로로 양성자가 빠져나가거나 신호 단백질에 작용하는 이온이 유출된다.

이 새로운 광유전학 기술은 특정 뇌세포의 역할을 밝히는 데 크게 기여했다. 이를테면 우울증이나 중독에서 반응하는 뇌세포를 식별할 수 있게 된 것이다. 이 기술은 신체의 다른 부분에 있는 세포에도 적용될 수 있어 신체의 생리적 현상을 더욱 광범위하게 이해할 수 있게 했다. 현재 광유전학의 실험에서 사용되는 로돕신이 세균에서 기원한 것은 아니다. 하지만 이와 같은 연구가 진행될 수 있었던 것은 세균에서 광주성을 보이는 단백질에 대한 연구가 이루어졌기 때문이다. 결국 세균에서 얻어진 지식을 바탕으로 그 개념을 확장해서 동물에서 유사한 기능을 하고 구조가 비슷한 단백질을 이용해서 연구가 진행되었다는 점이 중요하다. 세균이 빛에 반응하는 방식에 대한 이해에서 출발한 광유전학 연구가 동물이나 사람에게도 중요한 결과를 낳고 있다.

CRISPR/Cas9 혁명

　학술지 「사이언스」에서 "크리스퍼 혁명"이라고 부를 만큼 크리스퍼 유전자가위 기술은 단기간에 널리 활용되게 된 신기술이다. 그러면 우리는 왜 CRISPR/Cas9 기술을 혁명이라고까지 부르는가? 유전자가위는 인위적인 조작을 가한 핵산 분해효소로, 세포나 살아있는 동·식물 유전체의 특정 유전자 염기서열만을 인식해서 자르고 교정하는 도구이다. CRISPR/Cas9 기술이 개발되기 전에도 유전자가위라고 하는 기술이 존재했다. 이를테면 메가핵산 분해효소, 징크-핑거 핵산 분해효소 또는 전사활성자 유사효과기(TALE) 단백질을 기반으로 한 기술들이 그것이다. 하지만 CRISPR/Cas9은 이전의 기술들에 비해서 훨씬 사용하기 쉽고 저렴하고 효율적이다. 이런 편익성으로 인해 이 기술이 알려진 후 아주 광범위하게 사용되고 있다. 이 기술의 원리는 다음과 같다. 조작할 DNA 부분과 같은 서열을 보유한 가이드 RNA를 Cas9 핵산 분해효소와 함께 세포에 주입한다. 가이드 RNA는 원하는 유전자를 감지하고 Cas9을 이 유전자로 안내한다. Cas9은 해당 DNA의 두 가닥을 모두 절단한다. 이런 방식으로 Cas9 단백질은 결실이나 삽입 돌연변이를 모두 만들어낼 수 있다.

　이 놀라운 게놈 변형 기술은 기초생물학에서 생명공학, 의학에 이르기까지 다양한 분야에 적용될 수 있다. 유전자의 활성화 또는 시각화와 같은 많은 응용이 가능하다. 연구자들은 심지어 세포나 동물 모델 내에서 생리적 결함이나 질병과 관련된 것으로 알려진 유전적 돌연변이나 후성유전적 변이를 만들어내기도 했다. 밀과 같은 식물을 조작하면 외부 DNA를 도입할 위험이 없이 불리한 환경 조건이나 감염에 대한 저항성을 부여할 수 있어서 식량 안보를 강화할 수도 있다.

심지어 조류(algae)나 옥수수에 새로운 대사 경로를 만들어 에탄올을 만들게 해서 바이오연료를 생산하는 꿈을 꿀 수도 있다. 돌연변이 또는 후성유전적 변이로 손상되는 조직이나 세포를 표적으로 한 유전자 치료가 개발될 수도 있다. 그리고 CRISPR/Cas9 기술은 의약품이나 그 전구체를 대규모로 합성할 수 있는 세균을 만들 수도 있다.

수많은 신생 기업들이 이 기술의 응용 가능성에 주목하여 이 기술을 연구개발의 도구로 사용하거나 완전한 세포주, 돌연변이 세균 또는 유전자변형 동물의 생산에 뛰어들고 있다. 과거에 사용되던 기술들이 훨씬 더 간단하고 빠른 크리스퍼 기술로 빠르게 대치되고 있다. 크리스퍼 방법은 현재 세균, 마우스, 토끼, 개구리, 제브라피쉬, 누에, 초파리, 인간 세포에서 쌀, 수수, 밀, 담배, 물냉이, 효모에 이르기까지 다양한 생물에 적용되고 있다.

현재는 Cas9과 가이드 RNA를 도입하는 가장 효과적인 방법과 원하지 않는 위치에 돌연변이가 생성되는 것을 피하는 방법에 노력이 집중되고 있다. 가이드 RNA에 의해 게놈 부위로 접근하기는 하지만 DNA를 절단하는 활성을 잃은 비활성 Cas 핵산 분해효소는 염색체의 특정 부위나 정확한 위치를 고도로 정밀하게 볼 수 있도록 해 준다.

병원성 세균을 사용한 진핵세포의 이해

병원성 세균들이나 비병원성의 상재균들은 수백만 년 동안 숙주와 함께 진화하고 숙주의 세포에 적응하면서 숙주의 방어로부터 저항하고 생존하기 위해 스스로를 보호하는 전략을 개발해 왔다. 지난 30년 동안의 연구에서 병원성 세균들은 그들 자신이 뛰어난 세포생물학자라는 것을 스스로 보여주었다. 그들은 세포에 들어가고, 그들이 증식하는 액포에서 자신을 보호하기 위해 특정 단백질을 끌어들이고, 세포 내부에서 살아남기 위해 숙주의 특정한 단백질을 변형시킬 수 있도록 진화해 왔다. 이 메커니즘에 대한 연구가 세균 행동의 기초적인 원리를 이해하는 데 크게 기여했다. 그 가운데 세 가지를 소개한다.

ActA 단백질과 세포 운동성

세포생물학의 근본적인 질문은 세포의 유연성과 운동성은 어떻게 해서 생기는가 하는 것이다. 고등생물의 발달이나 감염에 대한 반응과 같이 아주 보편적이고 정상적인 현상뿐 아니라, 암세포의 전이처럼 비정상적인 이동은 어떻게 해서 일어나는가? 배아에서 세포는 어떻게 스스로 조직화되는가? 세균이 내는 신호, 가령 손상된 피부로 침투해 들어온 세균들이 내는 신호는 어떻게 백혈구를 감염 부위로 유인하는가? 이 문제는 1980년대 말까지 제대로 알려지지 않았다. 세포가 자신의 형태를 바꾸기도 하고 현재 위치를 벗어나서 이동할 수도 있도록 긴 액틴 필라멘트를 형성한다는 사실은 알려져 있었다. 하지만 액틴 필라멘트 형성의 첫 단계가 어떻게 이루어지는지는 밝혀지지 않았다. 이 현상을 이해하

Arp2/3 복합체의 역할 규명

리스테리아는 환경에 많이 존재하면서 식품을 오염시키는 장병원성 세균이다. 오염된 음식에 포함된 세균이 일단 장에 도달하면 곧 태반이나 뇌 등 멀리 떨어진 조직으로 이동할 수 있다. 이 세균은 주로 혈류를 통해 이동하지만, 세포 안에서 번식하고 또 한 세포에서 다른 세포로 쉽게 이동할 수 있는 독특한 능력이 있다.

리스테리아는 모든 진핵세포에 액틴이라는 단백질이 있고, 이 액틴이 긴 필라멘트로 연결될 수 있고 또 분해될 수도 있다는 성질을 잘 이용한다. 우리 연구진은 리스테리아가 ActA라는 표면 단백질을 가지고 있다는 것을 밝혔다. ActA는 세포의 Arp2/3 단백질 복합체를 끌어들인다. Arp2/3는 일곱 개의 단백질로 구성되어 있다. Arp2/3 복합체는 세포의 액틴 필라멘트에 부착하여 비교적 단단한 필라멘트로 조립한다. 이 필라멘트는 리스테리아를 이동시키는 추진력을 제공해준다(그림 18).

ActA에 대한 연구로 액틴 핵형성인자인 Arp2/3 복합체가 발견되었다. 이 복합체가 없으면 세균은 세포 안에서 움직일 수 없다. 진핵세포에서 Arp2/3 복합체에 결합하여 활성화할 수 있는 분자는 WASp/N-WASp 계통의 단백질로, 구조가 ActA 단백질과 상당히 유사하다.

액틴의 중합에 ActA와 Arp2/3가 작용하는 역할에 대해서 집중적으로 연구한 결과, 포르민과 같은 핵형성인자를 발견할 수 있게 되었다.

는 데 병원성 세균인 *Listeria monocytogenes*에 대한 연구가 중요한 역할을 했다.

세균의 독소

수많은 병원성 세균들은 독소를 분비하여 감염병의 주요 증상을 유발한다. 예를 들어 콜레라균은 콜레라의 주요 병리 현상이 나타나는 장관에서 독소를 생성한다. 파상풍균과 보툴리누스균은 각각 파상풍, 보툴리누스 중독과 관련된 마비를 일으키는 신경독을 생성한다. 파상풍 독소와 보툴리눔 독소는 단백질을 절단하고 비활성화하는 효소이다. 특히, 이 두 독소는 신경 전달 물질의 수송에 관여하는 단백질을 손상시킨다. 짧은 간섭 RNA(siRNA) 기술이 등장하기 전까지는 이 독소들이 세포생물학에서 세포 단백질을 비활성화하면서 단백질 기능을 연구하는 데 아주 유용하게 사용되었다.

보툴리누스균의 C3 독소는 진핵세포에서 액틴과 세포 골격을 연구하는 데 효과적으로 사용되었다. C3는 세포에서 많은 "작은 GTPase" 중 하나인 G 단백질 Rho를 비활성화한다. Rho 단백질은 세포의 유연성에 개입한다. 액틴이 관여하는 여러 과정에서 C3 독소를 활용하여 다른 G 단백질과 관련된 Rho의 역할을 밝히는 데 도움이 되었다.

뉴클레오모둘린

우리 연구진은 진핵세포의 핵에 들어가서 작용하는 세균의 단백질들에 대해 뉴클레오모둘린이라는 용어를 사용할 것을 제안했다. 뉴클레오모둘린은 DNA 복제, 염색질의 리모델링, DNA 전사 또는 복구와 같은 중요한 기능에 관여하는 여러 화합물들과 상호작용한다. 이 단백질들에 대한 연구로 생명의 기본적인 현상을 이해하는 데 놀라운 발전이 이루어졌다. 특히 식물 병원균인 잔토모나스의 단백질이 아주 중요하게 활용되고 있다.

최초의 뉴클레오모듈린은 식물에 질병을 일으키는 세균에서 확인되었다. 단백질과 DNA를 핵에 주입하는 것으로 가장 잘 알려진 식물 병원체 중 하나는 *Agrobacterium tumefaciens*이다. 아그로박테리움은 단백질로 둘러싸여 있는 T-DNA를 식물에 주입한 후 핵 안으로 들여보내서 식물의 게놈에 삽입한다. 이 메커니즘은 식물의 조절 현상을 더 잘 이해할 수 있게 했을 뿐만 아니라 유전자 변형 식물을 생성하는 것도 가능하게 했다. 유전자변형으로 제초제에 대해서 저항성이 있는 유전자를 발현하여 수확량이 크게 늘어나는 옥수수나 수수를 만들고, *Bacillus thuringiensis*의 독소를 암호화하는 유전자를 집어넣어 옥수수 천공충과 같은 해충에 잘 견디는 작물을 만들 수 있었다. 식물병원성 세균은 또 강력한 연구 도구인 TALEN의 원천이기도 하다.

뉴클레오모듈린은 연구자들이 지금까지 찾아낼 수 없었던 단백질들을 찾을 수 있게 했다. 예를 들어, 리스테리아에 의해 생산된 뉴클레오모듈린 LntA는 이전에 확인되지 않았던 단백질인 BAHD1과 상호작용한다. 이 단백질은 포유류에서 헤테로크로마틴 형성과 유전자 발현 억제에 관여하는 복합체의 일부이다. LntA는 BAHD1에 결합하여 표적 유전자에서 이를 제거함으로써 해당 유전자가 발현되도록 한다.

뉴클레오모듈린의 목록은 병원성 세균에 대한 연구가 확대되면서 계속 증가하고 있다.

TALEN 기술

*Xanthomonas campestris*는 전사인자, 즉 TALE(전사활성자 유사효과기)인자를 식물 세포에 주입한다. TALE은 34개 아미노산이 반복되는 구조로 이루어진 DNA 인식 부위를 사용하여 TAL DNA 상자라고 하는 곳에 자신을 부착한다. 핵산 분해효소 FokI과 결합한 TAL 영역은 식물과 동물의 유전자를 변형시킬 수 있는 TALEN 기술의 핵심이다.

TALEN 기술은 불과 몇 년 전에 개발된 기술로 이후 많은 개선과 투자가 이루어졌지만, 혁신적인 크리스퍼 기술이 나오면서 유용성이 많이 떨어지게 되었다.

즉, 유전자가위 기술은 1세대 징크핑거 단백질, 2세대 TALEN 기술에 이어 혁신적인 3세대 기술인 크리스퍼로 인해 새로운 시대를 열게 된 것이다.

이 장의 용어

제한효소(restriction enzyme)

제한효소는 DNA 이중나선에 자기가 인식할 수 있는 염기서열이 있으면 그 자리를 자를 수 있는 효소이다. 아래 그림에서 보는 것처럼 어긋나게 자르는 효소도 있고, 칼로 무 자르듯이 자르는 효소도 있다(아래 그림 참조). 어긋나게 자르면 DNA가 비록 잘리기는 하지만 중간에 상보적으로 달라붙을 수 있는 부위가 있기 때문에 이중나선 결합을 할 수 있고, 그렇게 되면 DNA 연결효소로 잘린 두 부위를 붙일 수 있다. 제한효소가 인식하는 부위를 자세히 보면 두 가닥의 순서가 5′에서 3′ 방향으로 동일하다는 것을 알 수 있다. 이런 서열을 회문서열이라고 한다. 제한효소들은 각자가 인식하는 부위가 다르기 때문에 임의의 서열 중에서 비교적 자주 등장하는 서열을 인식하는 효소는 조각들을 잘게 자른다. 반면에 드물게 보이는 서열을 인식하는 효소는 큰 조각으로 자른다. 그래서 클로닝을 할 때 적당한 제한효소를 선택하여 자르는 실험을 반복하면서 원하는 기능을 가진 조각을 찾는 것이다.

EcoRI 5′-GAATTC-3′
       3′-CTTAAG-5′

SmaI   5′-CCCGGG-3′
       3′-GGGCCC-5′

제
18
장

세균: 건강의 파수꾼

엘리 메치니코프는 1세기 전 요구르트에서 유익한 세균을 발견했다. 그는 이 세균이 장내 미생물에 영향을 끼쳐 인간의 건강을 개선하고 노화를 줄일 수 있다고 주장했다. 그리고 백혈구가 세균, 바이러스, 기생충과 같은 병원체를 "집어삼키고" 비활성화시키는 능력인 탐식작용이 있다는 것을 발견했다. 메치니코프는 탐식세포의 발견으로 1908년 노벨상을 받았다. 당시 메치니코프의 생각은 우리가 오늘날 미생물에 대해 알고 있는 것들, 즉 장내 미생물총은 연령이나 식단의 차이에 따라 변한다는 것과는 거리가 있었지만, 그의 예견은 미래를 향한 선견지명으로 매우 획기적인 것이었다.

음식 속의 세균

요구르트는 발효 유제품으로, 젖당을 가수분해하는 살아있는 세균을 가지고 있다. 요구르트가 건강에 좋다는 사실은 널리 알려져 있다. 요구르트를 만드는 데는 주로 두 종류의 젖당 가수분해 세균인 *Lactobacillus delbrueckii* 아종 *bulgaricus*와 *Streptococcus salivarius* 아종 *thermophilus*가 사용된다. 세계보건기구나 유엔 식량농업기구와 같은 국제기구뿐만 아니라 의사나 일반인들도 인정하는 바와 같이, 우유를 소화하지 못하여 우유를 마시면 설사나 복통과 같은 불편함을 호소하는 사람도 요구르트를 먹으면 그와 같은 증상을 줄일 수 있다. 요구르트는 이것 말고도 사람의 건강에 좋은 영향을 미친다. 그렇다면 요구르트에 들어있는 세균을 프로바이오틱스라고 부를 수 있는가? 그렇기도 하고 아니기도 하다. 요구르트는 칼슘 이온을 제공해 준다. 요구르트는 젖당을 소화하지 못해서 생기는 증상을 완화시킨다. 그런 면에서는 요구르트의 세균이 프로바이오틱스이다. 그렇지만 요구르트를 생산하는 데 사용되는 세균은 자연적으로는 장내 미생물총에 존재하지 않는다. "진정한" 프로바이오틱스라면 위장관에서 생존할 수 있지만, 요구르트의 미생물은 장관에서 지속적으로 생존할 수가 없다.

요구르트에 들어있는 세균의 다양한 균주들이 갖고 있는 건강상의 이점을 확인하기 위한 연구들은 상당히 많다. 어떤 연구에 따르면 *Lactobacillus bulgaricus* OLL107-R1 균주의 세포벽을 덮고 있는 다당류는 마우스에서 그것이 없는 균주에서는 볼 수 없는 특정 면역반응을 자극한다. 인간을 대상으로 한 후속 임상시험에서도 전자가 노인을 비염으로부터 보호할 수 있는 반면 후자는 그러지 못했다.

또 다른 건강상의 이점은 요구르트 세균의 특정 균주는 장에서 티아민과 같은 비타민을 생성할 수 있다는 것이다. 현재까지 알려진 바로는 이런 유익한 효과는 특정 균주에서만 나타나는 것으로 보인다.

요구르트를 만드는 균주에 관해서 한 가지 더 주목할 점이 있다. 바로 요구르트가 내는 아로마에서 입증된 바와 같이 요구르트 발효에 사용되는 균주들 사이에서 볼 수 있는 상승효과이다. 요구르트 특유의 향은 요구르트 안에 들어있는 세균들이 만든다. 향을 내는 화합물인 디메틸 트리설파이드는 *L. delbrueckii* 아종 *bulgaricus* 또는 *S. salivarius* 아종 *thermophilus*를 따로 배양하면 소량 생성되지만 *Lactobacillus*와 *Streptococcus*를 혼합해서 배양하면 아주 많이 생산된다.

세균의 발효로 만들어지는 식품이 주로 유제품이기는 하지만, 그 외에도 다양한 식품들이 세균의 발효로 만들어진다. 그리고 특정 식품의 발효 공정에서 세균의 여러 균주를 조합하여 사용하면 산업적으로 생물학적 보존법에 큰 진전을 가져올 수 있다. 유산균과 프로피오노박테리아의 혼합이 한 예가 될 수 있다. 이 세균들은 그뤼예르 치즈를 만드는 데 사용되는데, 젖산, 프로피온산, 아세트산, 과산화물, 디아세틸과 같은 대사산물을 만들어내고, 박테리오신을 분비하여 항균 효과도 있는 것으로 밝혀졌다.

프로바이오틱스

2001년 세계보건기구와 유엔 식량농업기구는 프로바이오틱스를 "숙주에게 적절한 양을 투여하면 건강에 도움이 되는 살아 있는 미생물"로 정의했다. 프로바이오틱스로 사용되는 다양한 미생물 중 눈에 띄는 것은 사람의 장내 미생물총을 구성하고 있는 세균인 젖산 생성 세균들이다. 가장 많이 연구된 프로바이오틱스로는 *Bifidobacterium* 속과 *Lactobacillus* 속, 특히 *L. reuteri, L. acidophilus, L. casei, L. plantarum, L. rhamnosus*가 있다.

미생물총도 프로바이오틱스라고 할 수 있는 것이, 이 미생물총이 숙주에게 건강상의 이로움을 제공하기 때문이다. 미생물총이 없는 무균 마우스가 보통의 미생물총을 가지고 있는 마우스보다 감염에 더 취약한 것에서도 우리는 쉽게 이 사실을 알 수 있다. 또한 미생물총을 손상시키는 항생제를 사용하면 장관 내 병원균, 이를테면 *Salmonella enterica* 혈청형 Typhimurium과 *Clostridioides difficile*과 같은 세균이 과도하게 증식할 수 있다.

최근의 연구에서 공생 세균과 프로바이오틱스의 유익한 역할을 뒷받침하는 분자 메커니즘이 밝혀지기 시작했다. 거기에 두 가지 메커니즘이 작동한다. 첫 번째는 영양소를 이용하거나 물리적인 공간을 차지하기 위한 직접적인 경쟁이다. 두 번째는 간접적인 것으로, 공생 세균과 프로바이오틱스는 생리적 염증이라고 불리는 효과로 면역체계를 자극한다. 즉, 평소에 공생 세균과 프로바이오틱스는 숙주에 아주 낮은 수준의 염증을 유발하는데, 이 염증은 병원균이 침입하여 장관을 차지하고자 할 때 이를 방해할 수 있게 된다.

여러 연구에서 유사한 세균 균주들 사이에 영양소와 공간을 확보하기 위한 경쟁이 존재한다는 사실이 밝혀졌다. 예를 들어, 마우스에 스트렙토마이신을 투여하여 대부분의 공생 미생물총을 죽이고 난 후 특정 균주의 대장균(HS, Nissle 균주)을 이식하면 장관 내부에서 장병원성 대장균의 집락 형성이 방해받는 것을 알 수 있다. 대장균의 HS와 Nissle 균주는 여러 당을 영양소로 사용하는 능력을 공유하고 있어서 비병원성 균주가 병원성 대장균을 굶겨 죽이는 것이다. 그래서 어떤 병원성 세균은 이 문제를 해결하기 위해서 공생 균주가 사용하지 않는 당을 사용하거나 심지어 미생물총 자체에서 분비되는 당을 이용하는 능력을 갖게 되었고, 결국 장 집락화에 성공했다.

대장균 Nissle 균주는 사람의 프로바이오틱으로 사용되고 있다. 이 균주는 1917년 이질이 유행하는 동안 병에 걸리지 않고 건강했던 한 군인의 대변에서 분리되었다. 이질은 대장균과 아주 가까운 관계인 이질균에 의해서 생기는 질병이다. Nissle 균주는 설사나 크론병과 같은 장염증성 질환의 치료에 사용되는 프로바이오틱스의 중요한 구성 요소 중 하나이다. Nissle 균주는 다양한 당을 사용하는 능력 외에도 병원균과 경쟁하는 데 도움이 되는 철분 획득 시스템을 가지고 있다. 또, 다른 공생 세균들처럼 독소도 만들고 마이크로신이라고 하는 항균 펩티드도 생성하여 병원성 세균에 직접 영향을 줄 수도 있다.

VI형 분비계는 마치 박테리오파지가 세균에 침투하는 것과 비슷한 방식으로 항균 독소를 분비한다. 한때는 병원균이 공생 세균에 대해서 가지는 독성 메커니즘으로 간주되었다. 그러나 흥미롭게도 이제는 공생 세균이 침입자를 공격하기 위해서도 이러한 시스템을 사용한다는 사실이 밝혀졌다. 장내 미생물총 중 많은 비율을 차지하는 박테로이데테스는 VI형 분비계를 가지고 있다.

지금까지 이 분야의 연구는 대부분 마우스 실험에 국한되어 있다. 그 말은 이러한 결과를 사람에게 적용할 수 있는 방법이 아직까지는 없다는 것이다. 사람의 미생물군유전체를 갖도록 조작된 마우스를 사용하면 지금까지 나온 연구 결과를 검증하는 데 매우 유용할 것이다.

동일한 서식처를 놓고 경쟁하는 것 이외에 프로바이오틱스와 공생 세균은 장 점막의 장벽 효과를 강화하고 선천면역 반응과 적응면역 반응을 증가시킨다. 이 내용은 9장에서 자세히 설명하고 있다.

대변이식

장내 미생물의 가치가 널리 인식됨에 따라 대변이식에 대한 관심이 높아지고 있다. 대변이식은 건강한 개인의 장내 미생물군유전체를 환자의 장에 옮겨주는 것이다. 대개 바이러스나 세균 또는 기생충과 같은 병원체가 없는 가족 구성원의 대변을 사용한다. 대변이식은 현재 정상적인 장내 미생물군유전체를 손상시키는 항생제 치료의 결과 나타나는 소위 의료관련 감염인 *Clostridioides difficile* 위막성 대장염을 치료하는 데 주로 사용되고 있다. 또한 대변이식은 크론병과 같은 장염증성 질환을 치료하는 데도 사용된다.

질병매개 곤충의 장내 미생물

사람의 장내 미생물군유전체에 대한 연구가 진전되어 병원균, 숙주, 매개곤충, 이 삼자 사이의 관계가 알려지면서 체체파리와 모기의 장내 미생물군유전체에 대한 관심이 커졌다.

곤충의 미생물군유전체에 가장 많이 포함되어 있는 세균들은 장내세균과에 속하는 프로테오박테리아이다. *Enterobacter*, *Pantoea*, *Pseudomonas*, *Serratia* 속의 세균들도 발견된다. 모기에 있는 세균인 아사이아나 체체파리의 공생 세균과 같이 세대 간에 전파되는 세균을 제외하고는 곤충이 세균을 획득하는 방법은 잘 알려져 있지 않다.

여러 연구에 따르면 모기의 장내에 공생하는 세균이 있으면 모기가 말라리아나 다른 모기매개 감염병을 옮기는 능력이 떨어진다. 예를 들면 학질 모기(아노펠레스)의 장관 안에 다량의 세균이 있으면 열대열원충의 감염률이 낮아지는 것이다. 이 가설을 뒷받침하는 것으로, 모기가 피를 빨기 전에 모기에 항생제를 투여하면 모기의 장에 원충이 더 증가하는 결과를 보이는 연구가 있다.

그러나 모든 세균이 모기의 원충 감염률을 똑같이 줄이는 것은 아니다. 아노펠레스 감비아는 아프리카 열대열원충을 전파시키는 주범이다. 한 연구에서 감비아 모기의 위장에 들어온 열대열원충이 성숙하지 못하도록 조작하였다. 그러면 원충은 모기의 장상피 안으로 뚫고 들어가지 못하므로 감염이 중지되어 모기가 원충의 감염에 대한 저항성을 갖게 된다. 이 경우 이 모기에는 장관에 장내세균과에 속하는 세균인 엔테로박터가 있음을 확인했다. 이 세균의 항기생충 효과는 세균이 내는 활성산소 때문이었을 것이다. 이러한 연구 결과는 모기의 장내 미생물군유전체를 조작하여 모기가 열대열원충에 저항성을 갖게 할 수 있음을 시사한다.

CRISPR/Cas9과 유전자 치료

유전자 치료는 크리스퍼가 나오기 전까지는 특정 유전자가 강하게 발현되고 중요한 역할을 하는 세포나 조직에서 결함이 있는 유전자를 정상 유전자로 대체하는 기술이었다. 이 기술은 레트로바이러스처럼 게놈에 자신을 삽입할 수 있는 바이러스를 사용한다. 하지만 이 기술에는 위험이 따랐다.

이제 CRISPR/Cas9 시스템으로 게놈을 쉽게 조작할 수 있게 되었다. 그래서 모험심 강한 연구자들은 개인의 유전질환을 치료하기 위해 생식세포에서 유전자를 조작하려는 유혹에 쉽게 노출되고 있다. 이런 실험을 걱정하는 목소리가 2015년 3월 「네이처」지와 「사이언스」지에 게재되었다. 노벨상 수상자 데이비드 볼티모어를 포함한 저명한 과학자들은 이 논평에서 크리스퍼를 사용하여 생식세포의 DNA를 변형하고자 하는 시도를 금지하도록 과학계에 촉구했다. 말하자면 과학자들의 우려는 유전자를 조작한 배아는 일부 세포는 수정되고 다른 세포는 수정되지 않을 위험이 있을 뿐만 아니라, 실제로 목표한 위치가 아닌 다른 곳에서 유전자 조작에 의한 변이가 발생할 가능성이 있다는 것이었다. 그러면서 크리스퍼가 강력하고 유혹적인 기술이기는 하지만 현재 너무 많은 위험이 따르고, 인간 체세포에서의 유전자 치료와 생식세포에서의 유전자 치료는 전혀 의미가 다르다는 사실을 가능한 한 분명하게 세상에 알려야 한다고 덧붙였다.

합성생물학

1970년대에 나온 "유전공학"이라는 용어는 분자유전생물학에서 특정 생물이 갖고 있던 유전자를 분리하여 다른 생물에게서 발현하는 데 사용하는 기술을 지칭했다. 예를 들어, 유전공학은 대장균에서 알부민, 성장호르몬, 인터페론, 인슐린과 같은 것을 만들었고, 세정제에 첨가할 효소를 만들었으며, 어린이의 예방 접종에 사용되는 단백질을 만들었다. 그 가운데 가장 멋진 예는 의심할 것도 없이 대장균에서 생성된 백일해균의 독소일 것이다. 이 독소는 다른 단백질인 혈구응집소와 어드헤신에 결합되어 백일해 백신이 되었다. 이것이 최초의 특이항원 백신(아단위백신)이고, 무세포 백신이 되었다. *Agrobacterium tumefaciens*와 Ti 플라스미드를 활용한 기술로 식물에 유전자를 도입하여 식물이 제초제와 해충 구제용 독소에 내성을 갖도록 했다. 이것이 최초의 트랜스제닉 식물 또는 유전자변형 식물이다.

유전공학이 꽃피우던 시기에는 그때까지 분자생물학의 모든 도구가 대장균에서 개발되었기 때문에 대개 대장균을 가지고 실험이 이루어졌다. 그러나 CRISPR/Cas9 기술이 나오면서 상황이 많이 달라졌다. 합성생물학은 식물을 포함한 다른 생명체에서 더 눈에 띄는 발전을 이루었다. 합성생물학은 유전공학의 "포스트게놈" 버전이라고 할 수 있다. 생체활성 분자의 발견에 이어서 활성 분자를 합성하고 최적화하는 등 이 분야에서 진정한 혁명이 일어나고 있다. 유전공학과 마찬가지로 합성생물학에서도 비용이 많이 들고 약리학적으로 가치가 있고 화학적으로 합성하기 어려운 화합물을 대량 생산하기 위해 섀시*라고 하는 조작 미생물을 활용한다. 합성생물학은 엄청난 양의 게놈과 메타게놈 데이터를 활용하여 유전공학의 원리로부터 새롭고 독창적인 상품들을 만들어내고 있다.

합성생물학은 새로운 생합성 경로를 발견하는 데도 유용하다. 이들 생합성 경로는 미생물에서 이미 활성화되어 있는 것도 있지만, 발현되지는 않고 잠재적으로 숨어있는 경우도 있다. 합성생물학은 또 질량분석법과 같은 기술에 의해 새롭게 확인된 화합물이 유용한 것인지를 알아내는 데도 응용된다. 미생물은 다양한 활성을 보일 가능성이 있는 화합물들을 많이 만들어낸다. 이런 화합물과 관련된 연구는 아직까지는 주로 식품의 향신료나 화장품을 위한 방향족 분자의 생산에 초점을 맞추고 있지만, 앞으로는 의약품, 특히 새로운 항생제를 생산하는 데 사용될 것이다.

합성생물학의 가장 상징적인 예는 말라리아 치료제 아르테미시닌이다. 아르테미시닌은 기적의 약이라고 불릴 정도로 탁월한 기생충 약인 이버멕틴과 함께 노벨상을 안겨준 약이다. 이버멕틴의 개발에 공이 큰 윌리엄 캠벨과 오무라 사토시, 그리고 아르테미시닌을 발견한 투유유는 2015년 노벨 생리의학상을 공동으로 수상했다. 개똥쑥에서 추출한 아르테미시닌은 이제는 빵을 만드는데 이용되는 효모인 *Saccharomyces cerevisiae*에서 생산된다. 과거에 대장균에서 아르테미시닌을 생산하려는 노력은 너무 복잡하고 효율이 떨어졌다. 이 연구에 10년이나 걸렸고, 전구물질인 아르테미신산에서 약물을 추출하는 데 너무 많은 단계가 필요했던 것이다.

발리노마이신의 합성

합성생물학의 또 다른 상징적 업적은 대장균에서 발리노마이신을 합성한 것이다. *Streptomyces* 속의 세균들에 의해 생산되는 발리노마이신은 유용한 항생제이자 이온 운반 물질이다. 연구자들은 비리보솜 펩티드 합성효소의 유전암호를 담고 있는 유전자좌를 대장균에 도입하는 데 성공하여 발리노마이신을 합성할 수 있었다.

합성생물학은 *Streptomyces orinoci*에서 잠재되어 있는 생합성 경로를 활성화하여 항말라리아 활성과 항바이러스 활성을 모두 갖는 폴리케티드 스펙티나빌린을 생산하는 데 성공하기도 했다. 이 결과를 얻기 위해서 연구자들은 폴리케티드 합성효소 유전자의 발현을 막는 모든 조절 유전자들을 제거해야 했다.

유전공학이 새롭게 꽃피울 당시에는 모든 분자생물학 도구가 대장균에서 개발되었기 때문에 유전공학의 산물을 생산하는 세균으로 대장균이 주로 선택되었다. 그러나 합성생물학은 대장균 대신 이 분야에서 널리 연구되는 식물을 비롯한 다른 생명체들에서 많이 응용되고 있다. 그리고 CRISPR/Cas9 기술이 합성생물학의 발전에 획기적인 역할을 할 것이다.

합성생물학의 또 다른 용도는 게놈 전체를 새로 만드는 일이다. 크레이그 벤터 연구팀은 2012년에 새로운 생명체를 합성함으로써 이 목표에 다가갔다. 연구자들은 *Mycoplasma mycoides*의 게놈을 실험실에서 화학적으로 합성한 후 *Mycoplasma capricolum*의 세포질에 이식했다. 실험은 효모에서 DNA 단편을 발현시킨 다음

이를 세균에 이식하는 과정을 반복했다. 실험이 완료되었을 때는 *Mycoplasma capricolum*이 *Mycoplasma mycoides*의 게놈만 포함하고 있었고, *Mycoplasma mycoides* 게놈을 복제하는 데 성공하였다. 벤터는 자신이 이 세포를 "합성"했다고 했는데, 이는 반은 맞고 반은 틀린 주장이다. 왜냐하면 합성한 세포의 세포질은 원래의 세포인 *Mycoplasma capricolum*에서 유래했기 때문이다. 벤터는 다음 단계로, 인공으로 합성된 게놈에서 생존에 불필요한 모든 서열을 제거했다. 이렇게 해서 단 473개의 유전자만을 가진 새로운 세균이 만들어졌는데, 이 세균은 지금까지 알려진 가장 단순한 형태의 생명체로 세 시간마다 복제된다.

합성생물학을 기반으로 한 많은 발전 중 하나는 인위적으로 첨가한 두 개의 염기(d5SICS, dNaM)로 이루어진 새로운 염기쌍을 사용할 수 있는 "반합성" 생명체의 생성을 들 수 있다. 우리는 게놈에서 DNA가 A+T와 G+C의 두 가지 기본 염기쌍으로 형성된 이중가닥이라는 것을 알고 있다(그림 5 참조). 그래서 생명체가 이 새로운 염기쌍을 사용할 수 있으려면 필요한 뉴클레오티드를 게놈에 도입할 수 있는 수송체를 만들어야 했다. 그런데 대장균에서 이 문제를 해결했다. 새로운 생명체의 복제기구는 성공적으로 이러한 새로운 화합물을 사용하였고, 돌연변이도 일어나지 않은 것으로 나타났다. 또한 일반적으로 DNA에서 변칙 염기를 제거하는 복구효소는 새로운 염기쌍을 공격하지도 않았다. 새로 생성된 이 생명체는 이제 자연적으로 A+T와 G+C의 두 가지 기본 염기쌍이 아닌, 이 두 쌍을 포함한 세 가지 염기쌍을 활용할 수 있는 최초의 생물이 되었다. 이 새로운 생물은 중요한 의약품을 합성하고, 그 외 다른 산업적인 목적으로도 활용할 수 있어야 할 것이다. 그러나 중요한 것은 이런 새로운 생물이 자연 속으로 전파되지 않도록 안전에 유의할 필요가 있다는 것이다.

이 장의 용어

섀시(chassis)

섀시는 자동차, 비행기, 데스크탑 컴퓨터와 같이 여러 개의 구성 요소로 이루어진 장치의 기본 뼈대라는 뜻을 가지는 말이다. 특히 자동차에서처럼 무게가 나가는 여러 부품들을 제자리에 고정하여 제 기능을 발휘할 수 있게 잡아주는 "차대"나 "차틀"과 같은 것을 섀시라고 한다. 섀시는 우리나라 표준국어대사전에 올라와 있는 단어이다. 합성생물학에서 쓰이는 "섀시"는 다른 생명체에서 유래한 유전자를 수용하고, 자신이 가지고 있는 자원으로 그 유전자의 기능을 발휘할 수 있게 도와주는 생명체로, 말하자면 다른 생물의 구성 요소 중 일부를 부양하는 역할을 하는 일종의 플랫폼이라고 할 수 있다. 창틀을 뜻하는 섀시(sash)와는 다른 말이다.

제
19
장

세균: 환경의 파수꾼

세균이 살충제로도 쓰인다

*Bacillus thuringiensis*는 1902년 일본의 누에에서 처음 발견되었고, 또 1911년 독일 튀링겐의 밀가루나방에서 분리되었다. 이 세균은 나비, 딱정벌레, 파리, 벌, 개미, 매미, 몸니와 같은 곤충의 유충이나 일부 무척추동물에 대한 독성을 가지기 때문에 전 세계적으로 살충제로 이용되고 있는 곤충병원성 세균이다. 이 세균이 만드는 Bt 독소는 Cry와 Cyt라는 두 개의 단백질로 이루어져 있다. Cry와 Cyt는 세균이 아포를 만들 때 생성되는 델타-내독소이다. 지금까지 알려진 *cry* 유전자는 600개 이상이다. 이 세균은 탄저의 원인인 탄저균(*Bacillus anthracis*)이나 환경에 존재하면서 식중독을 일으키는 세균인 *Bacillus cereus*와 아주 유사한 성질을 가지고 있다. 세균의 이름에서 알 수 있듯이 모두 다 바실러루스속에 속하는 세균들이다. 바실러스 튜링겐시스는 살충제로서 유용한 효

과를 보이는 키틴 분해효소와 단백질 분해효소를 비롯한 많은 독소를 생성한다. 이 세균이 곤충에 작용하는 특이성은 세균이 분비하는 독소의 특이성 때문이다.

바실러스 튜링겐시스가 아포를 형성하는 과정에서 생산하는 분자 중에 독소 전구물질이 있다. 이 전구물질이 곤충의 장에서는 장의 알칼리 pH 때문에 활성형의 독소로 바뀌어 숙주의 장 상피세포에 있는 특정 수용체에 부착한다. 그 효과는 빠르게 나타난다. 독소는 장에 큰 병변을 만들고 소화관 마비를 일으켜 곤충은 48시간 안에 죽게 된다.

이 세균을 처음으로 바이오살충제로 사용하는 데 성공한 것은 1960년대 미국과 1970년대 프랑스이다. 지금은 가장 널리 사용되는 바이오살충제이다. 이 세균은 실험실의 배양기에서 쉽게 배양할 수 있으며, 독소 제품이 안정적이고 선택성이 높아서 가격 경쟁력이 있다. 더욱이 이 세균은 화분매개 곤충(벌), 척추동물과 같은 유익한 동물에는 영향을 미치지 않는다.

1990년 하와이에서 분리된 배추좀나방에서 바실러스 튜링겐시스의 독소에 대한 내성이 처음으로 확인되었다. 내성은 대부분 곤충의 장 세포에 있는 독소 수용체를 암호화하는 유전자의 돌연변이 때문이다.

바실러스 튜링겐시스의 활용에 대한 관점을 완전히 바꾼 중요한 계기는 이 세균의 독소를 만드는 유전자변형 식물을 탄생시킨 것이었다. 유전자변형 식물의 효과는 담배박각시나방을 죽이는 독소를 발현하도록 변형된 담배를 재배하면서 처음 입증되었다. 이후 토마토, 옥수수, 면화와 같은 다른 많은 식물을 조작하여 해충에 내성을 보이는 유전자조작 식물들이 만들어졌다. 다만, 유전자변형 식물에 대해서 대중의 상당한 우려와 거부감이 있는 것이 사실이다.

오늘날은 동물과 인간에 다양한 병을 옮기는 이집트숲모기와 지중해의 과일나무를 먹는 지중해광대파리에 대해 살충 효과가 있는 바실러스 튜링겐시스 균주를 개발하는 연구에 초점을 맞추고 있다.

고초균의 식물 뿌리 보호작용

대장균이 그람음성 세균의 모델인 것처럼 고초균은 그람양성 세균의 모델 세균이다. 이 세균의 몇몇 균주는 생물막 형성에 작용하는 항균성 리포펩티드인 설팩틴을 분비한다. 고초균이 만드는 생물막은 애기장대의 *Pseudomonas syringae* 감염에 대한 연구에서 볼 수 있듯이 식물 뿌리의 표면에 형성되어 병원균의 공격으로부터 뿌리를 보호한다. 고초균 GB03 균주는 이미 이와 같은 목적으로 꽃, 면화, 야채, 콩에 사용하기 위해 상용화되었다. 이 세균은 아포를 형성할 수 있다. 식물의 종자에 이 세균의 아포를 입히면, 씨앗이 싹을 틀 때 아포는 뿌리에 생물막을 만들어 감염으로부터 식물을 보호한다.

볼바키아: 생물 방제를 이용한 모기매개 감염병의 통제

모기에 볼바키아균이 기생하면 모기는 뎅기열, 치쿤구냐, 황열, 웨스트나일열을 일으키는 바이러스와 말라리아를 일으키는 열대열원충을 전파하는 힘이 현저히 떨어진다. 게다가 볼바키아는 곤충에 불임의 한 형태인 세포질 부적합성을 유발한다(그림 15). 따라서 사람의 건강에 심각한 위협을 주고 있는 모기나 기타 곤충 개체군을 제거하는 데 이 세균을 전략적으로 활용할 수 있다. 현재 사용되는 두 가지 주요 방책은 "야생" 모기 개체군을 볼바키아 감염 모기로 대체시켜 원충과 같은 모기매개 감염병을 전파하지 못하게 하거나, 또는 모기 자체를 멸절시키는 일이다.

야생 모기에 볼바키아를 감염시키는 전략

첫 번째 전략은 볼바키아에 감염된 암컷 모기들을 환경에 내보내는 것이다. 이 모기들은 볼바키아 감염으로 여러 병원체에 내성이 생겨서 야생 모기보다 질병을 옮길 확률이 훨씬 낮다. 그리고 감염된 암컷 모기가 야생의 수컷과 짝짓기를 하면 자손은 볼바키아에 감염된 상태로 태어나 생활하기 때문에 환경에서 볼바키아를 지닌 모기의 개체가 늘어난다.

암컷만이 볼바키아를 다음 세대로 전달할 수 있다. 감염되지 않은 암컷이 감염된 수컷과 짝짓기를 하면 자손을 생산하지 못한다. 감염된 암컷은 수컷의 볼바키아 감염과 무관하게 생존 가능한 자손을 만든다. 그 자손은 모두 볼바키아에 감염된다(그림 15). 따라서 감염된 암컷을 풀어 주면 집단 내에서 암수 모두 상대적으로 감염된 모기의 개체 수가 늘어난다. 한 번, 혹은 일정기간 동안 반복적으로 감염된 암컷을 야생으로 내보내면 결국 야생의 미감염 개체군이 볼바키아에 감염된 개체군으로 대체되어 주요 병원체를 전파하지 못하는 모기가 될 것이다. 이것은 이집트숲모기에 볼바키아를 감염시켜 뎅기 바이러스 퇴치 효과를 확인함으로써 입증되었다.

모기 멸절 전략

모기 매개 감염병의 생물학적 방제를 위해 볼바키아균을 사용하는 두 번째 전략은 수컷 모기를 표적으로 삼아 모기를 멸절하거나 개체 수를 줄이는 것이다. 처음에는 방사선을 조사하여 불임으로 만든 수컷을 환경에 방출하여 모기의 개체 수를 줄이고자 하는 전략을 채용하였다. 이 전략으로 사상충증을 매개하는 모기인 빨간집모기를 완전히 근절하는 데 성공했다. 볼바키아를 이용하는 최근의 전략은 볼바키아에 감염된 수컷을 방출하는 것이다. 앞에서 언급한 것처럼 감염된 수컷이 야생의 미감염 암컷과 짝짓기를 하면 새끼는 부화하지 못한다. 이렇게 볼바키아에 감염된 수컷 모기를 야생에 방사하면 병원체를 옮기는 모기의 개체 수가 감소할 것이다.

제
20
장

결론

우리는 이 책을 통해서 미생물학, 특히 세균학의 모든 분야가 역동적이고 생동감 있게 발전하고 있음을 보여주고자 했다. 이미 새로운 개념들이 수없이 생겨났고, 계속해서 또 다른 새로운 개념들이 탄생할 것이다. 이 혁명은 우리의 일상생활, 식이요법, 건강 관리뿐만 아니라 생물학, 의학, 농업, 산업의 여러 연구 분야에 영향을 미치는 것은 물론 환경 보호에도 매우 중요한 역할을 할 것이다.

또한 우리는 항생제에 내성을 보이는 세균의 주요 문제에 대해 자세히 설명하면서, 감염병을 치료할 수 있는 대체 방법의 가능성을 제시하고자 했다. 2016년, 그간 발전한 기술 덕분에 새로운 항생제 테익소박틴을 발견할 수 있었고, 곧 또 다른 항생제의 발견이 가시권에 와 있다. 항말라리아제 니바퀸에 대한 내성이 나타났을 때 등장한 대체 약물인 아르테미시닌은 식물에서 추출된 것이었지만, 그 후 합성생물학에 의해 비교적 쉽게 대량으로 생산할 수 있게 되었다. 니바퀸을 대체하는 아르테미시닌의 성공으로 새로운 항생제가 등장할 것이라는 희망이 생겼다. 이 책에서 우리는 인간의 삶 전반에 걸쳐 건강과 생활방식에 능동적으로 기여하는 세균들, 즉 미생물총이라는 세균의 집합체와 그 외 다른 미생물 집합체의 역할이 중요하다는 점을 강조했다. 이 미생물총 중에서 특히 장내 미생물총은 다양한 기능, 즉 병원체에 대한 면역체계 가동, 세로토닌과 같은 호르몬 생성 등을 자극하고 조절한다. 연구에 따르면 다양한 장내 미생물총과 건강하고 균형잡힌 정신적, 신체적 웰빙 상태를 유지하는 것 사이에는 분명 상관성이 있다는 것을 보여준다. 인간의 신체 중에서 장관은 "제2의 뇌"로서, 신체에서 일어나는 일을 제어한다. 환자의 장내 미생물총을 조작하여 질병을 치료할 수 있을까? 그렇다. 그 가능성은 이미 크론병과 같은 염증성 질환에서 입증되었다. 우울증과 같은 정신질환도 같은 방식으로 치료한다고 하는 상상은 완전히 비현실적인 것은 아니다. 안될 이유가 없지 않은가? 어쨌든 현재의 연구 결과는 우리의 음식이 장내 미생물을 풍부하게 하면 이 미생물의 풍부함이 건강에 긍정적인 영향을 미친다는 점을 보여준다. 그렇게 할 수 있는 기회를 결코 놓쳐서는 안 된다. 균형 있는 식단이 중요하다는 사실을 잊지 말자.

대변이식은 장내 미생물총의 균형이 깨진 개인에게 도움이 될 수 있는 새로운 기술이다. 항생제 치료 후의 장관감염을 유발할 수 있는 세균인 *Clostridioides difficile*로 인한 설사를 치료하는 데 이미 성공적으로 사용되고 있다. 항생제 치료를 시작하고자 할 때 자신의 대변을 채취할 수 있는 시간을 충분히 확보할 수 있으면 자가 대변이식을 계획할 수도 있다. 기관마다 다른 결론을 내리기는 했지만, 벌써 대변이식이 조직 이식인가 또는 단순한 시술인가 하는 문제로 많은 논쟁이 있어 왔다.

이 책 전반에 걸쳐서 설명하려고 한 바와 같이 과학자들이 세균이 파지에 대해서 내성을 획득하는 방식과 그 조절 메커니즘을 조사하는 과정에서 아주 중요한 발견이 이루어졌다. 그 영향은 매우 광범위하게 영향을 미치고 있다. 조절 RNA와 CRISPR/Cas9 시스템에 대한 최근의 연구에서 알게 된 것처럼 기초연구는 어떠한 제약도 없이 이루어져야 하고, 오히려 권장되어야 한다. 그러한 연구 결과가 유전자 치료로 이어질 수 있는 혁신적인 게놈변형 기술로 이어질 것이라고는 아무도 예측할 수 없었다.

우리는 이 책에서 곤충을 자주 언급했다. 곤충, 특히 모기는 사람의 병원체를 매개한다. 복숭아혹진딧물과 같은 진딧물 종류는 식물의 질병을 매개한다. 또 동물의 질병을 매개하는 곤충도 있다. 화분 매개 곤충(벌)에서 해충에 이르기까지 농업에서 중요한 곤충들도 언급했다. 우리는 곤충의 미생물총을 언급하면서 곤충의 장내 미생물총이 곤충의 병원체 매개 능력을 조절하는 것에 대해서도 설명했다. 곤충의 장내 미생물총을 변화시키는 것이 유용할까? 곤충에서 내공생체, 특히 난모세포를 통해서 다음 세대로까지 전달되고 모기의 질병 매개 능력에 영향을 미치는 볼바키아에 대한 연구는 특히 흥미롭다. 이 연구가 감염된 모기를 환경으로 방출하는 아이디어를 자극했고, 이미 그와 같은 노력으로 병원체를 줄이고 없애는 데 성공하기에 이르렀다.

전 세계적인 기후변화와 함께 곤충의 서식지도 바뀔 것이라는 것은 분명하다. 우리는 이 현상을 이미 흰줄숲모기에서 관찰하고 있다. 곤충들은 앞으로 현재까지는 살 수 없었던 지역에 퍼져서 살게 될 것이다. 그 결과 예를 들면 매미가 옮기는 피토플라스마 같은 세균들에 의한 곡식의 감염이 아직까지는 크게 문제가 없거나 통제할 수 있는 수준이지만, 기후변화가 지속되면 앞으로는 심각한 피토플라스마 감염이 퍼질 수도 있을 것이다. 다행히도 우리는 세균들에 대해 아주 많은 것을 알게 되었고, 앞으로도 그 방면에 대한 우리의 지식은 확장될 것이다. 그래서 우리는 환경의 생물다양성을 유지하면서 앞으로 다가올 위협에 더욱 효과적으로 대응할 수 있을 것이다.

미생물학의 거장들

안톤 판 레이우엔훅(1632-1723). 300배로 확대되는 현미경을 사용하여 많은 미생물과 원생동물을 관찰했다. 그는 세계 최초로 정액에서 정자를 발견함으로써 살아있는 정자세포를 관찰한 연구자가 되었다. 그는 생명체의 자연발생론을 적극적으로 부인했다.

루이 파스퇴르(1822-1895). 파스퇴르는 화학자로, 발효에서 효모의 역할을 증명했다. 생명체의 자연발생론에 종지부를 찍었으며, 맥주, 와인 또는 식품의 세균 오염을 막기 위해 저온 살균과 가열의 개념을 도입했다. 그는 황색포도알균을 발견했고, 누에에서 누에병의 원인이 되는 병원체를 확인했으며, 닭 콜레라와 광견병 백신을 만들었다. 생애 말기에 국제적인 기부를 통해 1887년 6월 4일 법령에 따른 파스퇴르연구소를 설립했다.

로베르트 코흐(1843-1910). 1905년 노벨 생리의학상 수상. 코흐는 현대 미생물학의 창시자로 간주된다. 탄저병이 *Bacillus anthracis*의 아포에 의해 발생한다는 사실을 입증했다. 콜레라를 일으키는 세균인 *Vibrio cholerae*, 결핵의 원인균 *Mycobacterium tuberculosis*를 발견했다. 그는 질병의 원인을 규명하는 데 오늘날까지 사용되는 원칙인 소위 "코흐의 4공리"에 자신의 이름을 넣어서 명명했다. 코흐는 열대 질병에 대한 관심을 끝으로 경력을 마쳤다.

한스 크리스티안 그람(1853-1938). 1884년에 그의 이름을 따서 명명
  한 염색법인 그람염색을 개발했다. 이 방법은 아직까지도 세균
  을 그람양성 세균과 그람음성 세균의 두 부류로 나누는 데 사용
  되고 있다.

알렉산더 플레밍(1881-1955). 1945년 노벨 생리의학상 수상. 플레밍
  은 1929년경 *Penicillium* 속의 진균에서 생산된 페니실린의 항균
  특성을 발견하여 인류의 항생제 시대를 열었다.

셀먼 왁스먼(1888-1973), 알베르트 샤츠(1920-2005). 1952년 왁스
  먼 노벨 생리의학상 수상. 두 사람은 1943년 스트렙토마이신을
  발견했고, 이 항생제는 1949년부터 결핵의 치료에 사용되기 시
  작했다. 안타깝게도 얼마 지나지 않아 항생제에 내성을 보이는
  결핵균이 나타났다. 1946년에는 페니실린 내성, 1959년에는 스
  트렙토마이신 내성이 등장했다.

프랑수아 자콥(1920-2013), 앙드레 르보프(1902-1994), 자크 모노
  (1910-1976). 1965년 노벨 생리의학상 수상. 1960년에 세균에
  서 전사 억제자가 유전자의 작동인자 자리에 붙어서 유전자를
  조화롭게 제어한다는 "오페론" 개념을 제안했다.

칼 우즈(1928-2012). 리보솜 RNA를 연구하여 1977년 고균을 세균,
  진핵생물과 유전적으로 구별되는 세 번째 생명체 범주로 분류
  했다.

스탠리 팔코우(1934-2018). 1980년 유전학에 사용되는 도구를 세포
  생물학과 결합한 최초의 사람 중 한 명으로, 병원성 세균의 독
  성인자를 확인했다.

캐리 멀리스(1944-2019). 1993년 노벨 화학상 수상. 1986년 중합효소연쇄반응(polymerase chain reaction, PCR) 기술을 발명했다. PCR은 고온성 세균인 *Thermus aquaticus*에서 분리한 효소를 사용한다. 현재 PCR은 분자생물학의 기본 도구가 되었다.

크레이그 벤터(1946-). 1995년 The Institute for Genomic Research (게놈연구소)의 벤터와 동료 연구자들은 *Haemophilus influenzae*를 대상으로 세균의 게놈을 최초로 완전하게 분석함으로써 미생물학의 게놈 시대를 열었다.

제프리 고든(1947-). 2000년 고든은 마우스 실험에서 장관에서 서식하는 세균이 비만에 기여한다는 사실을 처음 밝혀내면서, 여러 질병 상태에서의 장내 미생물총과 그 역할에 대한 연구를 처음으로 시작했다.

제니퍼 다우드나(1964-), 에마뉘엘 샤르팡티에(1968-), 필립 호바스(1970-). 2020년 다우드나와 샤르팡티에 노벨 화학상 수상. 이들을 포함한 많은 학자들이 지난 몇 년 동안 CRISPR/Cas9 게놈 편집 기술의 개발에 참여했다.

참고문헌

저자 서문

Radoshevich L, Bierne H, Ribet D, Cossart P. The new microbiology: A conference at the Institut de France. C. R. Biol., 335, 514-518 (2012).

제1부: 미생물 바로 알기

제1장 세균: 아군인가, 적군인가?

Woese CR, Fox GE. Phylogenetic structure of the prokaryotic domain: The primary kingdoms. Proc. Natl. Acad. Sci. USA, 74, 5088-90 (1977).

Ciccarelli FD, Doerks T, von Mering C, Creevey CJ, Snel B, Bork P. Toward automatic reconstruction of a highly resolved tree of life. Science, 311, 1283-1287 (2006).

Medini D, Serruto D, Parkhill J, Relman DA, Donati C, Moxon R, Falkow S, Rappuoli R. Microbiology in the post genomic era. Nat. Rev. Microbiol., 6, 419-430 (2008).

제2장 세균: 아주 잘 조직화된 단세포 생명체

Jensen RB, Wang SC, Shapiro L. Dynamic localization of proteins and DNA during a bacterial cell cycle. Nat. Rev. Mol. Cell Biol., 3, 167-176 (2002).

Gitai Z. The new bacterial cell biology: Moving parts and cellular architecture. Cell, 120, 577-586 (2005).

Cabeen MT, Jacobs-Wagner C. Skin and bones: The bacterial cytoskeleton, cell wall, and cell morphogenesis. J. Cell Biol., 179, 381-387 (2007).

Cabeen MT, Jacobs-Wagner C. The bacterial cytoskeleton. Ann. Rev. Genet., 44, 365-392 (2010).

Toro E, Shapiro L. Bacterial chromosome organization and segregation. Cold Spring Harb. Perspect. Biol., 2, a000349. doi: 10.1101/cshperspect. a000349 (2010).

Campos M, Jacobs-Wagner C. Cellular organization of the transfer of genetic information. Curr. Opin. Microbiol., 16, 171-176 (2013).

Ozyamak E, Kollman JM, Komeili A. Bacterial actins and their diversity. Biochemistry, 52, 6928-6939 (2013).

Laoux G, Jacobs-Wagner C. How do bacteria localize proteins to the cell pole. J. Cell Sci., 127, 11-19 (2014).

제3장 RNA 혁명

Jacob F, Monod J. Genetic regulatory mechanisms in the synthesis of proteins. J. Mol. Biol., 3, 318-356 (1961).

Roth A, Breaker RR. The structural and functional diversity of metabolite-binding riboswitches. Annu. Rev. Biochem., 78, 305-309 (2009).

Gottesman S, Storz G. Bacterial small regulators: Versatile roles and rapidly evolving variations. Cold Spring Harb. Perspect. Biol., 3, a003798. doi: 10.1101/cshperspect.a003798 (2011).

Storz G, Vogel J, Wasserman KM. Regulation by small RNAs in bacteria: Expanding frontiers. Mol. Cell, 43, 880-891 (2011).

Breaker RR. Riboswitches and the RNA world. Cold Spring Harb. Perspect. Biol., 4, a003566. doi: 10.1101/cshperspect.a003566 (2012).

Calderi I, Chao Y, Romby P, Vogel J. RNA-mediated regulation in pathogenic bacteria. Cold Spring Harb. Perspect. Biol., 3, a010298. doi: 10.1101/cshperspect.a010298 (2013).

Sesto N, Wurtzel O, Archambaud C, Sorek R, Cossart P. The excludon: A new concept in bacterial anti-sense RNA mediated gene regulation. Nat.

Rev. Microbiol., 11, 75-82 (2013).

Mellin JR, Tiensuu T, Becavin C, Gouin E, Johansson J, Cossart P. A riboswitch-regulated anti-sense RNA in *Listeria monocytogenes*. Proc. Natl. Acad. Sci. USA, 110, 13132-13137 (2013).

제4장 크리스퍼 방어체계와 CRISPR/Cas9 유전자가위

Barrangou R, Fremaux C, Deveau H, Richards M, Boyaval P, Moineau S, Romero DA, Horvath P. CRISPR provides acquired resistance against viruses in prokaryotes. Science, 315, 1709-1712 (2007).

Deltcheva E, Chylinski K, Sharma S, Gonzales K, Chao Y, Pirzada ZA, Eckert MR, Vogel J, Charpentier E. CRISPR RNA maturation by trans-encoded small RNA and host factor RNAse III. Nature, 471, 602-607 (2011).

Jinek M, Chylinski K, Fonfara I, Hauer M, Doudna JA, Charpentier E. A programmable dual-RNA-guided DNA endonuclease in adaptive bacterial immunity. Science, 337, 816-821 (2012).

Jiang W, Bikard D, Cox D, Zhang F, Maraffini LA. RNA-guided editing of bacterial genomes using CRISPR-Cas systems. Nat. Biotech., 31, 233-239 (2013).

Dupuis ME, Villion M, Magadan AH, Moineau S. CRISPR-Cas and restriction-mofication systems are compatible and increase phage resistance. Nat. Comm., 4, 2087 (2013).

Hsu P, Lander E, Zhang F. Development and applications of CRISPR/Cas9 for genome editing. Cell, 157, 1262-1278 (2014).

Selle K, Barrangou R. Harnessing CRISPR-Cas systems for bacterial genome editing. Trends Microbiol., 23, 225-232 (2015).

Kiani S, Chavez A, Tuttle M, Hall RN, Chari R, Ter-Ovanesyan D, Qian J, Pruitt BW, Beal J, Vora S, Buchthal J, Kowal EJ, Ebrahimkhani MR, Collins JJ, Weiss R, Church G. Cas9 gRNA engineering for genome editing, activation and repression. Nat. Methods, 11, 1051-1054 (2015).

Sockett E, Lambert C. *Bdellovibrio* as therapeutic agents: A predatory renaissance. Nat. Rev. Microbiol., 2, 669-674 (2004).

Dublanchet A, Fruciano E. Breve histoire de la phagotherapie. A short history of phage therapy. Medecine et maladies infectieuses, 38, 415-420 (2008).

Debarbieux L, Dublanchet A, Patay O. Infection bacterienne: quelle place pour la phagotherapie. Medecine et maladies infectieuses, 38, 407-409 (2008).

Makarov V, Manina G, Mikusova Ket al. Benzothiazinones kill *Mycobacterium tuberculosis* by blocking arabinan synthesis. Science, 8, 801-804 (2009).

Cotter P, Ross RP, Hill C. Bacteriocins – A viable alternative to antibiotics. Nat. Rev. Microbiol., 11, 95-105 (2013).

World Health Organization. WHO's first global report on antibiotic resistance reveals serious, worldwide threat to public health. April 2014. [Premier rapport de l'OMS sur la resistance aux antibiotiques: une menace grave d'ampleur mondiale, avril 2014, http://www.who.int/mediacentre/news/releases/2014/amr-report/fr/].

Institut Pasteur. Antibiotiques: quand les bacteries font de la resistance. (dossier), La Lettre de l"Institut Pasteur, 85 (2014).

Lambert C, Sockett RE. Nucleases in *Bdellovibrio bacteriovorus* contribute towards efficient self-biofilm formation and eradication of preformed prey biofilms. FEMS Microbiol. Lett., 340, 109-116 (2013).

Allen H, Trachsel J, Looft T, Casey T. Finding alternatives to antibiotics. Ann. N.Y. Acad. Sci., 1323, 91-100 (2014).

Baker S. A return to the pre-antimicrobial era ? The effects of antimicrobial resitance will be felt most acutely in lower income countries. Science, 347, 1064 (2015).

Ling L, Schenider T, Peoples A, Spoering A, Engels I, Conlon BP, Mueller

A, Schaberle TF, Hughes DE, Epstein S, Jones M, Lazarides L, Steadman V, Cohen DR, Felix C, Fetterman KA, Millet W, Nitti AG, Zullo AM, Chen C, Lewis K. A new antibiotic kills pathogens without detectable resistance. Nature, 517, 455-459 (2015).

제2부: 세균의 사회생활: 미생물 사회학
제6장 생물막: 세균의 단합

Davies DG, Parsek MR, Pearson JP, Iglewski BH, Costerton JW, Greenberg EP. Involvement of cell-to-cell signals in the development of a bacterial biofilm. Science, 280, 295-298 (1998).

O'Toole G, Kaplan HB, Kolter R. Biofilm formation as microbial development. Annu. Rev. Microbiol., 18, 49-79 (2000).

Stanley NR, Lazazzera BA. Environmental signals and regulatory path ways that influence biofilm formation. Mol. Microbiol., 52, 917-924 (2004).

Kolter R, Greenberg EP. Microbial sciences: The superficial life of microbes. Nature, 441, 300-302 (2006).

Romling U, Galperin MY, Gomlesky M. Cyclic di-GMP: the first 25 years of a universal bacterial second messenger. Microbiol. Mol. Biol. Rev., 77, 1-52 (2013).

제7장 세균의 의사소통: 화학적 언어와 정족수 인식

Bassler BL, Losick R. Bacterially speaking. Cell, 125, 237-246 (2006).

Duan F, March JC. Interrupting Vibrio cholerae infection of human epithelial cells with engineered commensal bacterial signaling. Biotechnol. Bioeng., 101, 128-134 (2008).

Duan F, March JC. Engineered bacterial communication prevents *Vibrio cholerae* virulence in an infant mouse model. Proc. Natl Acad. Sci. USA, 107, 11260-11264 (2010).

Schuster M, Sexton DJ, Diggle SP, Greenberg EP. Acyl-homoserine lactone quorum sensing: From evolution to application. Ann. Rev. Microbiol., 67, 43-63 (2013).

제8장 세균들 사이의 전쟁

Schwarz S, West TE, Boyer F, Chiang WC, Carl MA, Hood RD, Rohmer L, Tolker-Nielsen T, Skerret S, Mougous J. *Burkholderia* type VI secretion systems have distinct roles in eukaryotic and bacterial cell interactions. PLoS Pathogens, 6, e10011068 (2010).

Hibbing ME, Fuqua C, Parsek, M, Peterson SB. Bacterial competition: Surviving and thriving in the microbiological jungle. Nat. Rev. Microbiol., 8, 15-25 (2010).

Hayes CS, Aoki SK, Low DA. Bacterial contact-dependent delivery systems. Annu. Rev. Genet., 44, 71-90 (2010).

Aoki S, Poole SJ, Hayes C, Low D. Toxin on a stick. Modular CDI toxin delivery systems play roles in bacterial competition. Virulence, 2, 356-359 (2011).

Russell AB, Hood R, Bui NK, LeRoux M, Vollmer W, Mougous J. Type VI secretion delivers bacteriolytic effectors to target cells. Nature, 475, 343-347 (2011).

Basler M, Ho BT, Mekalanos J. Tit for tat: Type VI secretion system counterattack during bacterial cell-cell interactions. Cell, 152, 884-894 (2013).

Ho BT, Dong TG, Mekalanos JJ. A view to a kill: The bacterial type VI secretion system. Cell Host Microbe, 15, 9-21 (2014).

Etayash H, Azmi S, Dangeti R, Kaur K. Peptide bacteriocins. Curr. Top. Med. Chem., 16, 220-241 (2015).

McFall-Ngai M, Montgomery MK. The anatomy and morphology of the adult bacterial light organ of *Euprymna scolopes* (Cephalopoda: Sepiolidae). Biol. Bull., 179, 332-339 (1990).

McFall-Ngai M, Heath-Heckman EA, Gillette AA, Peyer SM, Harvie EA. The secret languages of coevolved symbioses: Insight from the *Euprymna scolopes-Vibrio fischeri* symbiosis. Semin. Immunol., 24, 3-8 (2012).

McFall-Ngai M, Hadfield MG, Bosch TC, Carey HV, Domazet-Loso TX. Animals in a bacterial world, a new imperative for the life sciences. Proc. Natl. Acad. Sci. USA, 110, 3229-36 (2013).

David LA, Maurice CF, Carmody RN, Gootenberg DB, Button JE, Wolfe BE, Ling AV, Devlin AS, Varma Y, Fischbach MA, Biddinger MA, Dutton EJ, Turnbaugh PJ. Diet rapidly and reproducibly alters the human microbiome. Nature, 505, 559-563 (2014).

Yurist-Doutsch S, Arrieta MC, Vogt SL, Finlay BB. Gastrointestinal microbiota-mediated control of enteric pathogens. Annu. Rev. Genet., 48, 361-382 (2014).

Brune A. Symbiotic digestion of lignocellulose in termite guts. Nat. Rev. Microbiol., 12, 168-180 (2014).

Belkaid Y, Segre J. Dialogue between skin microbiota and immunity. Science, 346, 954-959 (2014).

Knights D, Ward T, Mc KInkay CE, Miller H, Gonzalez A, McDonald, Knight R. Rethinking "enterotypes". Cell Host Microbe, 16, 433-437 (2014).

Vogt SL, Pena-Diaz J, Finlay BB. Chemical communication in the gut: Effects of microbiota-generated metabolites on gastrointestinal bacterial pathogens. Anaerobe, 34, 106-115 (2015).

Derrien M, Van Hylckama Vlieg JET. Fate, activity and impact of ingested bacteria within the human gut. Trends Microbiol., 23, 354-366 (2015).

Thompson JA, Oliveira RA, Djukovic A, Ubeda C, Xavier KB. Manipulation of the quorum sensing signal AI-2 affects the antibiotictreated gut microbiota. Cell Rep., 10, 1861-1871 (2015).

Vogt SL, Pena-Diaz J, Finlay BB. Chemical communication in the gut: effects of microbiota-genrated metabolites on gastrointestinal bacterial pathogens. Anaerobe, 34, 106-115 (2015).

Asher G, Sassone-Corsi P. Time for food: The intimate interpaly between nutrition, metabolism and the circadian clock. Cell, 161, 84-92 (2015).

Yano J, Yu K, Donalsdson GP, Shastri GG, Phoebe A, Ma L, Nagler CR, Ismagilov RF, Mazmanian SK, Hsiao E. Indigenous bacteria from the gut microbiota regulate host serotonin biosynthesis. Cell, 161, 264-276 (2015).

Schnupf P, Gaboriau-Routhiau V, Gros M, Friedman R, Moya-Nilges M, Nigro G, Cerf-Bensussan N, Sansonetti PJ. Growth and host interaction of mouse segmented filamentous bacteria in vitro. Nature, 520, 99-103 (2015).

Sender R, Fuchs S, Milo R. Are we really outnumbered ? Revisiting the ratio of bacterial to host cells in humans. Cell, 164, 337-340 (2016).

제10장 세균과 식물의 공생: 식물 미생물총

Jones KM, Kobayashi H, Davies BW, Taga ME, Walker GC. How rhizobial symbionts invade plants: The *Sinorhizobium-Medicago* model. Nat. Rev. Microbiol., 5, 619-633 (2007).

Kondorosi E, Mergaert P, Kereszt A. A paradigm for endosymbiotic life: Cell differentiation of *Rhizobium* bacteria provoked by host plants. Ann. Rev. Microbiol., 67, 611-628 (2013).

Bulgarelli D, Schlaeppi K, Spaepen S, Ver Loren van Themaat E, Schulze-Lefert P. Structure and functions of the bacterial microbiota of plants. Ann. Rev. Plant, 64, 807-838 (2013).

Lai CY, Baumann L, Baumann P. Amplification of TrpEG: Adaptation of *Buchnera aphidicola* to an endosymbiotic association with aphids. Proc. Natl. Acad. Sci. USA, 91, 3819-3823 (1994).

Douglas AE. Nutritional interactions in insect-microbial symbiosies: Aphids and their symbiotic *Buchnera*. Annu. Rev. Entomol., 43, 17-37 (1998).

Moran NA, Baumann P. Bacterial endosymbionts in animals. Curr. Opin. Microbiol., 2, 270-275 (2000).

Gil R, Sabater-Munoz B, Latorre A, Silva FJ, Moya A. Extreme genome reduction in Buchnera spp.: Toward the minimal genome needed for symbiotic life. Proc. Natl. Acad. Sci. USA, 99, 4454-4458 (2002).

Sassera D, Beninati T, Bandi C, Bouman EAP, Sacchi L, Fabbi M, Lo N. *Candidatus Midichloria mitochondrii*, an endosymbiont of the tick Ixodes ricinus with a unique intramitochondrial lifestyle. Internat. J. Systemat. Evol. Microbiol., 56, 2535-2540 (2006).

Moya A, Pereto J, Gil R, Latorr A. Learning how to live together: Genomic insights into prokaryote-animal symbioses. Nat. Rev. Genet., 8, 218-229 (2008).

Engelstadter J, Hurst GDD. The ecology and evolution of microbes that manipulate host reproduction. Ann. Rev. Ecol. Evol. Syst., 40, 127-149 (2009).

Shigenobu S, Wilson ACC. Genomic revelations of a mutualism: The pea aphid and its obligate symbiont. Cell. Mol. Life Sci., 68, 1297-1309 (2011).

Bouchery T, Lefoulon E, Karadjian G, Nieguitsila A, Martin C. The symbiotic role of *Wolbachia* in Onchocercidae and its impact on filariasis. Clin. Microbiol. Infect., 19, 131-140 (2012).

Scott AL, Ghedin E, Nutman TB, McReynolds LA, Poole CB, Slatko BE, Foster JM. Filarial and *Wolbachia* genomics. Parasite Immunol., 34, 121-129 (2012).

Schulz F, Horn M. Intranuclear bacteria: Inside the cellular control center of eukaryotes. Trends Cell Biol., 25, 339-346 (2015).

제3부: 감염병 생물학
제12장 병원성 세균: 과거와 현재의 주요 감염병

Shea JE, Hensel M, Gleeson C, Holden DW. Identification of a virulence locus encoding a second type III secretion system in *Salmonella typhimurium*. Proc. Natl Acad. Sci. USA, 93, 2593-2597 (1996).

Sansonetti PJ. The bacterial weaponry: lessons from *Shigella*. Ann. N.Y. Acad. Sci., 1072, 307-312 (2006).

Sussman M (ed.). Molecular Medical Microbiology. vol. 3, 2nd edition. Academic Press (2014).

Cornelis GR, Wolf-Watz H. The *Yersinia* Yop virulon: A bacterial system for subverting eukaryotic cells. Mol. Microbiol., 23, 861-867 (1997).

Cole STet al. Massive gene decay in the leprosy bacillus. Nature, 409, 1007-1011 (2001).

Cole ST. Deciphering the biology of *Mycobacterium tuberculosis* from the complete genome sequence. Nature, 393, 537-544 (1998).

Cossart P. Illuminating the landscape of host-pathogen interactions with the bacterium *Listeria monocytogenes*. Proc. Natl. Acad. Sci. USA, 108, 19484-19491 (2011).

Sperandio B, Fischer N, Sansonetti PJ. Mucosal physical and chemical innate barriers: Lessons from microbial evasion strategies. Semin. Immunol., 27, 111-118 (2015).

제13장 병원성 세균의 생존 전략

Isberg RR, Falkow S. A single genetic locus encoded by *Yersinia pseudotuberculosis* permits invasion of cultured animal cells by *Escherichia coli* K12. Nature, 317, 262-264 (1985).

Galan JE, Curtiss R3rd. Cloning and molecular characterization of genes whose products allow *Salmonella typhimurium* to penetrate tissue culture cells. Proc. Natl. Acad. Sci. USA, 86, 6383-6387 (1989).

Cossart P, Boquet P, Normark S, Rappuoli R. Cellular microbiology emerging. Science, 271, 315-316 (1996).

Finlay BB, Cossart P. Exploitation of host cell functions by bacterial pathogens. Science, 276, 718-725 (1997).

Cossart P, Sansonetti PJS. Bacterial invasion: The paradigms of enteroinvasive pahogens. Science, 304, 242-248 (2004).

Galan JE, Cossart P. Host-pathogen interactions: A diversity of themes, a variety of molecular machines. Curr. Opin. Microbiol., 8, 1-3 (2004).

Cossart P, Roy CR. Manipulation of host membrane machinery by bacterial pathogens. Curr. Opin. Cell Biol., 22, 547-554 (2010).

Hubber A, Roy CR. Modulation of host cell function by *Legionella pneumophila* type IV effectors. Ann. Rev. Cell Dev. Biol., 26, 261-283 (2010).

Pizarr-Cerdá J, Kühbacher A, Cossart P. Entry of Listeria in mammalian cells: An updated view. Cold Spring Harb. Perspect. Med., 2(11):a010009 (2012). doi: 10.1101/cshperspect.a010009.

Bierne H, Hamon M, Cossart P. Epigenetics and bacterial infections. Cold Spring Harb. Perspect. Med., 2(12):a010272 (2012). doi: 10.1101/cshperspect.a010272.

Puhar A, Sansonetti PJ. Type III secretion system. Curr. Biol., 24, R84-91 (2014).

Helaine S, Cheverton AM, Watson KG, Faure LM, Matthews SA, Holden DW. Internalization of *Salmonella* by macrophages induces formation of nonreplicating persisters. Science, 343, 204-208 (2014).

Rolando M, Buchrieser C. *Legionella pneumophila* type IV effectors hijack the transcription and translation machinery of the host cell. Trends Cell Biol., 24, 771-778 (2014).

Arena ET, Campbell-Valois FX, Tinevez JY, Nigro G, Sachse M, Moya-Nilges M, Nothelfer K, Marteyn B, Shorte SL, Sansonetti PJ. Bioimage analysis of *Shigella* infection reveals targeting of colonic crypts. Proc. Natl Acad. Sci. USA, 112, 3282-3290 (2015).

Spano S, Gao X, Hannemann S, Lara-Tejero M, Galan JE. A Bacterial Pathogen Targets a Host Rab-Family GTPase Defense Pathway with a GA. Cell Host Microbe, 19, 216-226 (2016).

제14장 곤충의 병원성 세균

Vallet-Gely I, Lemaitre B, Boccard F. Bacterial strategies to overcome insect defences. Nat. Rev. Microbiol., 6, 302-313 (2008).

Nielsen-Leroux C, Gaudriault S, Ramarao N, Lereclus D, Givaudan A. How the insect pathogen bacteria *Bacillus thuringiensis* and *Xenorhabdus/photorhabdus* occupy their hosts. Curr. Opin. Microbiol., 15, 220-231 (2012).

제15장 식물의 병원성 세균

Mole BM, Baltrus DA, Dangl JL, Grant SR. Global virulence regulation networks in phytopathogenic bacteria. Trends Microbiol., 15, 363-371 (2007).

Hogenhout SA, Oshima K, Ammar E, Kakizawa S, Kingdom H, Namba S. Phytoplasmas: bacteria that manipulate plants and insects. Molecul. Plant Pathol., 9, 403-423 (2008).

Kay S, Bonas U. How Xanthomonas type III effectors manipulate the host plant. Curr. Opin. Microbiol., 12, 37-43 (2009).

Sugio A, MacLean A, Kingdom H, Grieve VM, Manimekalia R, Hogenhout S. Diverse targets of *Phytoplasma* effectors: From plant development to defense against insects. Annu. Rev. Phytopathol., 49, 175-195 (2011).

Dou D, Zhou JM. Phytopathogen effectors subverting host immunity: Different foes, similar battleground. Cell Host Microbe, 12, 484-495 (2012).

Deslandes L, Rivas S. Catch me if you can: Bacterial effectors and plant targets. Trends Plant Sci., 17, 644-655 (2012).

제16장 감염을 통제하는 새로운 비전
감염병의 유전론

Casanova J-L, Abel L. Genetic dissection of immunity to bacteria: The human model. Annu. Rev. Immunol., 20, 581-620 (2002).

Lam-Yuk-Tseung S, Gros P. Genetic control of susceptibility to bacterial infections in mouse models. Cell Microbiol., 5, 299-313 (2003).

Quintana-Murci L, Alcais A, Abel L, Casanova J-L. Immunology in natura: Clinical, epidemiological and evolutionary genetic of infectious diseases. Nat. Immunol., 8, 1165-1171 (2007).

Casanova J-L, Abel L. The genetic theory of infetious diseases: A brief history and selected illustrations. Ann. Rev. Genomics Hum. Genet., 14, 215-243 (2013).

감염병의 위협이 세계화되다

World Health Organization: http://www.who.int/en/.

제4부: 세균의 활용
제17장 세균이 연구의 도구가 되다
제한효소

Dussoix D, Arber W. Host specificity of DNA produced by *Escherichia coli*. J. Mol. Biol., 5, 37-49 (1962).

중합효소연쇄반응

Saiki R, Gelfand D, Stoffel S, Scharf S, Higuchi R, Horn G, Mullis, K, Erlich

H. Primer-directed enzymatic amplification of DNA with a thermostable
DNA polymerase. Science, 239, 487-491 (1988).

세균과 광유전학

Oesterhelt D, Stoekenius W. Rhodopsin-like protein from the purple
membrane of *Halobacterium halobium*. Nat. New Biol., 233,149-152
(1971).

Williams S, Deisseroth K. Optogenetics. Proc. Natl. Acad. Science USA,
110, 16287 (2013).

Deisseroth K. Optogenetics. Nat. Methods, 8, 26-29 (2011).

CRISPR/Cas9 혁명

Lafountaine JS, Fathe K, Smyth HDC. Delivery and therapeutic applications
of gene editing technologies ZFNs, TALENs and CRISPR/Cas9. Int. J.
Pharmaceut., 494,180-194 (2015).

병원성 세균을 사용한 진핵세포의 이해

Kocks C, Gouin E, Tabouret M, Berche P, Ohayon H, Cossart P. *Listeria
monocytogenes*-induced actin assembly requires the actA gene, a surface
protein. Cell, 68, 521-531 (1992).

Ridley AJ, Hall A. The small GTP binding protein rho regulates the assembly
of focal adhesion and actin stress fibers in response to growth factors. Cell,
70, 389-399 (1992).

Bierne H, Cossart P. When bacteria target the nucleus: The emerging family
of nucleomodulins. Cell Microbiol., 14, 622-633 (2012).

제18장 세균: 건강의 파수꾼

음식 속의 세균

Morelli L. Yogurt, living cultures and gut health. Am. J. Clin. Nutr., 99,
1248S-1250S (2014).

프로바이오틱스

Mackowiak PA. Recycling Metchnikoff: Probiotics, the intestinal microbiome and the quest for long life. Frontiers Public Health, 1, 1-3 (2013).

Sassone-Corsi M, Raffatelu M. No vacancy: How beneficial microbes cooperate with immunity to provide colonization resistance to pathogens. J. Immunol., 194, 4081-4087 (2015).

Nami Y, Haghshenas B, Abdullah N, Barzagari A, Radiah D, Rosli R, Khostoushahi AY. Probiotics or antibiotics: Future challenges in medicine. J. Med. Microbiol., 64, 137-146 (2015).

대변이식

Borody TJ, Khoruts A. Fecal microbiota transplantation and emerging apllications. Nat. Rev. Gastroenterol. Hepatol., 9, 88-96 (2011).

Smits LP, Bouter KE, De Vos WM, Borody TJ, Niewdorp M. Therapeutic potential of fecal microbiota transplantation. Gastroenterology, 145, 946-953 (2013).

질병매개 곤충의 장내 미생물

Engel P, Moran NA. The gut microbiota of insects – diversity in structure and function. FEMS Microbiol. Rev., 37, 699-735 (2013).

Hedge S, Rasgon JL, Hughes GL. The microbiome modulates arbovirus transmission in mosquitoes. Curr. Opin. Virol., 15, 97-102 (2015).

CRISPR/Cas9과 유전자 치료

Sander J, Joung JK. CRISPR-Cas systems for editing, regulating and targeting genomes. Nat. Biotech., 32, 347-354 (2014).

Vogel G. Embryo engineering alarm: Researchers call for restraint in genome editing. Science, 347, 1301 (2015).

Baltimore D, Berg P, Botchan K et al. A prudent path forward for genomic engineering and germline modification: A framework for open discourse on the use of CRISPR-Cas9 technology to manipulate the human genome is urgently needed. Science, 348, 36-37 (2015).

Rath D, Amlinger L, Rath A, Lundgren M. The CRISPR-Cas immune system: Biology, mechanisms and applications. Biochimie, 117, 119-128 (2015).

Bosley Ket al. CRISPR Germ line engineering – The community speaks. Nat. Biotech., 33, 478-486 (2015).

합성생물학

Malyshev D, Dhami K, Lavergne T, Chen T, Dai N, Foster JM, Correa IJr, Romesberg FE. A semi-synthetic organism with an expanded genetic alphabet. Nature, 509, 385-388 (2014).

Breitling R, Takano E. Synthetic biology advances for pharmaceutical production. Curr. Opin. Biotechnol., 35, 46-51 (2015).

Liu W, Stewart CN. Plant synthetic biology. Trends Plant Sci., 20, 309-317 (2015).

Hutchison CA3rd, Chuang RYet al. Design and synthesis of a minimal bacterial genome. Science, 351 (2016).

제19장 세균: 환경의 파수꾼
세균이 살충제로도 쓰인다

Van Frankenhuysen K. Insecticidal activity of *Bacillus thuringiensis* crystal proteins. J. Invertebr. Pathol., 101, 1-16 (2009).

Pardo-Lopez Let al. *Bacillus thuringiensis* insecticidal three domain Cry toxins: mode of action, insect resistance and consequences for crop protection. FEMS Microbiol. Rev., 37, 3-22 (2013).

Bravo Aet al. Evolution of *Bacillus thuringiensis* Cry toxins insecticidal activity. Microb. Biotechnol., 6, 17-26 (2013).

Elleuch J, Tounsi S, Belguith Ben Hassen N, Lacrois MN, Chandre F, Jaoua S, Zghal RZ. Characterization of novel *Bacillus thuringiensis* isolates against *Aedes aegypti* (diptera: Culicidae) and *Ceratitis capitata* (Diptera: tephridae). J. Invertebr. Pathol., 124, 90-95 (2015).

고초균의 식물 뿌리 보호작용

Cawoy H, Mariuto M, Henry G, Fisher C, Vasileva C, Thonart N, Dommes J, Ongena M. Plant defence stimulation by natural isolates of

Bacilllus depends on efficient surfactin production. Mol. Plant Microbe Interaction, 27, 87-100 (2014).

볼바키아: 생물 방제를 이용한 모기매개 감염병의 통제

Teixiera L, Ferreira A, Ashburner M. The bacterial symbiont *Wolbachia* induces resistance to RNA viral infections in *Drosophila melanogaster*. PLoS Biol., 6, 2753-2763 (2008).

Iturbe-Ormaetxe I, Walker T, Neill SLO. *Wolbachia* and the biological control of mosquito-borne disease. EMBO Rep., 12, 508-518 (2011).

Hoffmann AA, Montgomery BL, Popovici J, Iturbe-Ormaetxe I, Johnson PH, Muzzi F, Greenfield M, Durkan M, Leong YS, Dong YX. Successful establishment of *Wolbachia* in *Aedes* populations to suppress dengue transmission. Nature, 476, 454-457 (2011).

Fenton A, Johnson KN, Brownlie JC, Hurst GDD. Solving *Wolbachia* paradox: Modeling the tripartite interaction between host, *Wolbachia* and a natural enemy. Am. Nat., 178, 333-342 (2011).

Vavre F, Charlat S. Making (good) use of Wolbachia: What the model says. Curr. Opin. Microbiol., 15, 263-268 (2012).

Caragata EP, Dutra HLC, Moreira LA. Exploiting intimate relationships: Controlling Mosquito-transmitted disease with *Wolbachia*. Trends Parasitol., 32, 207-218 (2016).

그림의 출처

그림 1. http://www.servier.com/Powerpoint-image-bank, Juan J. Quereda (파스퇴르연구소).

그림 2. Juan J. Quereda (파스퇴르연구소).

그림 3. Urs Jenal (스위스 바젤대학 Biozentrum).

그림 4. 파스퇴르연구소.

그림 5. Juan J. Quereda (파스퇴르연구소).

그림 6. (위) 파스퇴르연구소 기록보관소. (아래) Jacob, Monod, J. Mol. Biol. 3, 318-356 (1961).

그림 7. Jeff Mellin, Juan J. Quereda (파스퇴르연구소).

그림 8. Nina Sesto (파스퇴르연구소).

그림 9. Antoinette Ryter (파스퇴르연구소).

그림 10. http://www.servier.com/Powerpoint-image-bank, Juan J. Quereda (파스퇴르연구소).

그림 11. Juan J. Quereda (파스퇴르연구소).

그림 12. (위) Ashwini Chauhan, Christophe Beloin, Jean-Marc Ghigo (파스퇴르연구소 생물막유전연구부). Brigitte Arbeille, Claude Lebos (LBCME, 프랑스 투르 의과대학).

그림 13. http://www.servier.com/Powerpoint-image-bank, Juan J. Quereda (파스퇴르연구소).

그림 14. http://www.servier.com/Powerpoint-image-bank, Juan J. Quereda (파스퇴르연구소).

그림 15. http://www.servier.com/Powerpoint-image-bank, Juan J. Quereda

(파스퇴르연구소).

그림 16. 파스퇴르연구소 세균-세포상호작용연구부.

그림 17. Marie-Christine Prévost, Agathe Subtil (파스퇴르연구소).

그림 18. Édith Gouin (파스퇴르연구소).

역자 후기 I

이 책의 저자가 서문에서 언급한 바와 같이 우리들은 미생물이나 세균이라는 말을 들으면 반사적으로 병을 일으키는 것, 해로운 것으로 생각한다. 그래서 잊을 만하면 "핸드폰에 세균이 득실득실" 따위의 기사가 나오고, "항균 볼펜"과 같은 물건들이 소개된다. 마치 우리 주변에 세균이 정말 하나라도 있으면 큰일이 나는 것처럼 행동한다.

그러나 이 책을 보면서 알게 되는 것은 사실은 그 반대라는 것이다. 이 세상은 어디에나 세균, 진균, 바이러스와 같은 미생물이 가득 차 있다. 그들 대부분은 우리를 포함한 고등 동·식물에 대체로 해를 끼치지 않을 뿐만 아니라, 우리들의 생존에 없어서는 안 될 존재이다. 요구르트, 치즈, 와인과 같은 서양 음식뿐만 아니라 김치, 된장, 막걸리와 같은 우리의 전통 음식이나 홍어와 같은 식품들도 다 미생물의 발효로 만들어지는 식품이다. 우리가 음식을 잘 소화해서 흡수할 수 있게 하고, 각종 병원균들이 들어오지 못하게 피부나 장관에 차단막을 만들어주는 것이 모두 미생물이다. 지구의 생태계 전체적인 관점에서 미생물들이 유기물을 분해해서 생태계의 순환에 중요한 고리를 담당한다고 하는 것은 둘째로 하고, 우리 개개인의 생존 그 자체가 미생물들에게 절대적으로 의존하고 있다는 말이다.

게다가 우리가 미생물을 연구하면서 알게 된 지식, 미생물들이 만들어내는 유익한 물질들, 미생물의 성질을 이용한 많은 유전공학 제품들이 인류의 삶을 극적으로 향상시켰다. 19세기 중반 인간의 평균 수명은 40세 정도였다. 그런데 지금 한국인의 평균 수명은 83세에 이른다. 우리의 수명이 길어지고 생활수준이 높아진 데에는 많은 요인들이 작용했을 것이다. 그렇지만 미생물에서 추출한 항생제와 미생물을 이용한 의약품의 생산, 미생물 유전자를 이용한 식량 증산 등 우리가 미생물을 연구하면서 알게 된 기초 지식에 바탕을 둔 발전이 중요한 일부를 담당하였다.

이 책은 독자들에게 미생물이 가진 새로운 모습을 보여준다. 아니, 미생물들은 본래부터 그런 모습을 가지고 있었다. 다만, 우리가 미생물을 바라보는 시각이 바뀔 뿐이다. 특히, 2020년 노벨 화학상을 안겨준 연구는 세균도 사람처럼 침입자를 인식하고 기억하고 퇴치하는 "면역작용"이 있다는 것을 보여주었다. 그리고 대변이식이라고 하는, 좀 역겹다고 생각되는 치료 방식이 실제로 사용되고 있고 효과가 입증되었다고 하는 것은 일반 독자의 시각에서는 놀라운 일임에 틀림이 없을 것이다. 원 제목 『새로운 미생물학-마이크로바이옴에서 크리스퍼까지』에서 보는 것처럼, 이 책은 미생물에 대한 우리의 생각을 바꾸어줄 획기적인 사례로 위두 가지를 이 책의 제목에 등장시켰다. 그러면서 미생물이 이 두 가지 말고도 많은 유익함의 원천이라는 것을 말해주고 있다. 그런 면에서 이 책은 독자들에게 미생물을 바라보는 새로운 관점을 제공해 줄 것이다.

그렇지만 아무래도 세균이나 미생물은 우리에게 "병원균"으로 다가온다. 지금 만 2년 동안 지속되고 있는 코로나바이러스의 팬데믹이 그렇고, 병원에서 거의 날마다 보는 "모든 항생제에 내성인 세균 감염" 환자가 그렇다. 그런 부분에 대해서 이 책의 저자는 깊은 우려를 드러낸다. 항생제 내성을 줄이려는 노력이 필요하다는 점, 그리고 지구 생태계의 지속적인 유지에 원헬스 접근 노력이 필요하다는 점을 강조하고 있다. 이 부분이 이 책의 중심 주제는 아닐지라도, 이런 문제가 과학자뿐만이 아닌, 각 분야의 전문가들과 일반 시민 대중이 관심을 가져야 할 사안임은 분명하다. 따라서 그런 부분에 대한 관심을 촉구하는 것은 미생물을 다루는 책으로서 지극히 당연한 일일 것이다.

2019년 미국미생물학회에 참석하여 서적 판매대를 돌아보던 중에 이 책을 발견하고 기쁜 마음으로 책을 읽었다. 저자의 관점이 평소에 내가 생각하던 관점, 즉 미생물은 적이 아니라 가끔 대열을 이탈한 것만 드물게 병을 일으킬 뿐이다라는 생각과 비슷하다는 것에 기뻤다. 첫 장의 제목이 바로 "Bacteria: Many friends, few enemies"가 아니던가. 귀국해서 번역을 계획하고 판권 소유자와 연락하던 도중에 책의 원판이 프랑스어로 발간된 것임을 알고 무척 실망했다. 내가 산 책은 역자가 없이 파스칼 코사르가 저자로 표시되어 있는, 미국미생물학회에서 낸 책이었는데 말이다. 그렇지만 출판사로부터 불어판을 원본으로 하되 영어 책을 참조해도 좋다는 허락을 받았기에 우리 대학 불어불문학과의 박형섭 교수님과 공역해보기로 하였다. 박 교수님은 이미 여러 권의 저작을 갖고 계셔서 이런 종류의 저서나 역서를 발간하시기에 넘칠 정도의 역량을 갖춘 분이시다. 마침 대학에서 지원해주는 "우리시대 질문총서" 제작 사업에 선정이 되었기에 순조롭게 이 책을 번역할 수 있었다.

가족의 지지와 응원은 항상 나의 든든한 버팀목이다. 용어의 선택이나 문장의 흐름을 매끄럽게 만들어주는 것은 항상 아내 경옥과 세 딸들 연주, 연희, 효주의 몫이다. 이런 주제를 가지고 가족이 같이 토론하고 이야기할 기회가 있는 것이 무척 감사한 일이다. 환갑을 맞으면서 비록 번역서이긴 하나 평생 일해 온 분야인 감염병 그리고 미생물학과 관련한 책을 일반 대중들에게 선보인 것이 스스로 기쁘다.

양산부산대학교병원 진단검사의학과 장철훈

역자 후기 II

프랑스 문학이나 예술 관련 책만 읽다가 우연히 의대 진단의
학과 장철훈 교수로부터 파스칼 코사르의 미생물학 관련 책을 소
개받았다. 프랑스어 원서 제목이 『La Nouvelle Mirobiologie, Des
microbiotes aux CRISPR』였다. 미생물학이라니, 더구나 나에게는
책의 제목부터 생소했다. 장 교수는 차분한 목소리로 이 책의 영
어판을 읽고 나서 매우 유익하다고 판단해 프랑스어 원서를 번역
하여 우리말로 출간하려는 의도를 전했다. 즉, 프랑스어 전공자인
나와 이 책의 공역을 제안한 것이다. 그는 이미 영어판의 우리말
초역을 끝낸 상태였다. 난 지레 이 분야에 대한 문외한이라며 난
색을 표명했지만, 책에 대한 그의 명쾌한 설명과 열정에 감탄하여
일단 텍스트를 검토하기로 했다. 그리고 장 교수의 영어판 한국어
번역 초고를 빠른 속도로 훑어보았다. 매 페이지마다 등장하는 미
생물학, 의학 등 전문용어들을 제외하면, 뜻밖에도 텍스트의 내용
이 술술 머릿속에 들어왔다. 그래서 한국의 독자를 위해 장 교수
와 함께 『미생물의 참모습-마이크로바이옴에서 크리스퍼까지』의
출간 작업에 도전하기로 결정했다. 더구나 요즘 코로나 사태를 겪
으면서 팬데믹의 유행병과 질병뿐 아니라 세균이나 바이러스, 유
전공학 등에 관한 지식도 접할 수 있다는 기대감도 생겼다.

유행병 혹은 전염병은 무섭다. 그로 인해 일상적 삶이 파괴되

고 인간의 관계마저 해체된다. 세균과 질병, 미생물은 어떤 상관성이 있을까? 이 책은 이 물음에 명쾌하게 답한다. 질병은 모든 생명체에게 발생하며 그 원인은 미생물에 속하는 세균에 근거한다. 심지어 세균을 죽이는 박테리아파지라는 바이러스도 미생물에 속한다. 미생물은 말 그대로 너무 작아서 육안으로 관찰할 수 없는 생물이다.

이 책은 미생물의 생태계와 인간이나 동·식물과의 관계를 일반인도 쉽게 이해할 수 있도록 설명한다. 가령, 탄저균을 비롯한 많은 미생물은 인간에 대한 병원성을 가지고 있으며, 질병과 관련된 미생물에 대한 연구 성과들을 쉽게 소개한다. 위생과 감염, 인공 면역요법 등 현대의학에서 빠뜨릴 수 없는 많은 기술이 미생물에서 태어난다. 바로 이 미생물을 연구하는 학문이 미생물학이다. 사람이나 동물에게 질병을 일으키는 미생물, 즉 세균, 고균, 진균, 원생생물 및 바이러스 등을 탐구한다.

나는 이 책을 읽으면서 미생물의 세계가 매우 광범위하고 오묘하다는 것을, 우리 환경의 안정성과 생태계가 미생물과 밀접하다는 사실을, 그리고 미생물학 연구의 혁신적인 발전이 인류의 삶과 건강에 크게 기여했다는 것을 알 수 있었다. 질병을 일으키는 악성 세균도 있지만, 프로바이오틱스처럼 몸에 유익한 미생물이 얼마나 많은가. 그동안 내게 낯설게 보였던 단어들, 가령 게놈, mRNA, CRISPR/Cas9이란 말도 가깝게 느껴졌다. 또 하나의 놀라운 사실! 박테리아들이 그들의 언어로 소통하면서 생활하고, 심지어 공동으로 적과 싸운다는 점도 알게 되었다. 그들은 인간뿐 아니라 곤충을 포함하는 동·식물 등 모든 생명체와 공생관계를 이루고 있는 것이다.

나는 파스칼 코사르의 책을 읽으면서 그동안 무관심했던 미생물학 분야에 점차 빠져들었다. 미지의 영역을 알아가는 즐거움에 이어 지적인 욕망까지 꿈틀거렸다. 페이지를 넘길 때마다 새로운 지식들이 펼쳐졌고, 낯선 세계가 점차 익숙해지기 시작했다. 발견의 기쁨은 독서에 속도를 붙이는 원동력이 되었다. 사람이든 사물이든 우연한 만남이 특별한 인연이 되는 경우가 있다. 나는 장 교수와 텍스트 공역이라는 작업에서 출발했지만, 마치 함께 여행하는 기분이 들었다. 처음 가는 길은 어디나 낯설고 실제보다 멀게 느껴진다. 그는 안내자가 되어, 이방인을 아주 편하고 쉽게 목적지로 이끌었다. 이제 우리말로 새로 태어나는 책, 『미생물의 참모습-마이크로바이옴에서 크리스퍼까지』 속의 단어들은 내게 색다른 의미로 다가올 것이다.

장 교수님 감사합니다!

부산대 불문과 교수 박형섭

색인

290

우리시대 질문총서 ⑩

미생물의 참모습
마이크로바이옴에서 크리스퍼까지

초판 인쇄 2022년 2월 14일
초판 발행 2022년 2월 21일

원표제 **LA NOUVELLE MICROBIOLOGIE :** Des microbiotes aux CRISPR
원저자 파스칼 코사르
번역자 장철훈 · 박형섭
기획 우리시대 질문총서 제작위원회
간사 장윤서 · 김은진
교정·교열 이해숙
디자인·편집 배영미
발행인 차정인
펴낸곳 부산대학교출판문화원

출판등록 제1983-000001호 1983.11.10.
부산광역시 금정구 부산대학로 63번길 2 (우편번호46241)
대표전화 051-510-1932 팩시밀리 051-512-7812
https://press.pusan.ac.kr

ⓒ 장철훈 · 박형섭, 2022. Printed in Korea

ISBN 978 - 89 - 7316 - 732 - 6 (04470)
      978 - 89 - 7316 - 650 - 3 (세트)

※ 이 총서는 부산대학교 국립대학육성사업(REN)의 지원으로 제작되었습니다.